合格対策
Microsoft認定

SC-900:
Microsoft Security,
Compliance, and
Identity Fundamentals

テキスト&問題集

阿部直樹・福田敏博 [著]

鈴木友宏 [監修]

JN101050

リックテレコム

●**補足情報について**

　本書の刊行後、記載内容の補足が必要となった際には、下記に読者フォローアップ資料を掲示する場合があります。必要に応じてご参照ください。

https://ric.co.jp/pdfs/contents/pdfs/1411_support.pdf

はじめに

　SC-900 というマイクロソフトの試験では、セキュリティの基礎となる要素が多く取り込まれています。この SC-900 でカバーしている範囲は一般的なネットワークなどのセキュリティ要素だけではなく、セキュリティの向上を目的としたマイクロソフトが提供するセキュリティソリューションが多く紹介されています。

　組織のセキュリティ向上を行うには、標的型攻撃を想定したサイバーキルチェインのそれぞれの範囲に対応したセキュリティソリューションと多層防御による対策が必要になります。一例をあげると、メール保護のために Microsoft Defender for Office365、デバイス保護のために Microsoft Defender for Endpoint、社内のドメイン環境の ID 保護のために Microsoft Defender for Identity、クラウドアプリの保護のために Microsoft Defender for Cloud Apps というセキュリティソリューションを使用したセキュリティ対策を行います。

　本書では SC-900 の試験に合格するために必要な知識だけではなく、一般的なセキュリティの基礎、およびマイクロソフトセキュリティソリューションを理解するための知識が網羅的にわかりやすく解説されています。

　マイクロソフトでは、さまざまなセキュリティソリューションを提供しており、そしてまた、広範囲をカバーしているがゆえに、理解が難しくなっていることは否めません。本書ではそれぞれのセキュリティソリューションの成り立ちからどのような範囲をカバーしているのかを丁寧に説明しているので、マイクロソフトが考えるセキュリティ対策を理解するのに役立つものになるでしょう。

　本書が皆様のセキュリティ知識の向上につながり、実際にセキュリティ対策を行う際のバイブル的な一冊となれば幸いです。

　最後になりますが、今回執筆および監修という機会を提供していただきましたリックテレコムの皆様に深く感謝いたします。

2024 年 5 月

マイクロソフト認定トレーナー(MCT)

阿部　直樹

目次

第 3 章 Microsoft Entra ID の機能 　　　　33

第5章 Microsoft コンプライアンス ソリューションの機能 　119

第 6 章 模擬試験

第 1 章

Microsoft 認定試験と SC-900 の概要

本章では、Microsoft 認定資格「SC-900：Security, Compliance,and Identity Fundamentals」の概要、資格取得のメリット、試験の問題形式などについて説明します。

1.1 Microsoft の認定資格

　Microsoft 認定資格は、Microsoft 製品やサービス、ソリューションに関する知識を証明することができるグローバルな資格です。資格体系として、「Fundamentals（基礎）」「Role-based（役割別）」「Specialty（専門領域）」の 3 つがあり、Role-based は「Associate（中級）」と「Expert（上級）」に分かれます。

図 1.1-1　Microsoft 認定資格の体系

　そして、認定資格のカテゴリとして、次の 5 つがあります。

- Microsoft Azure（Azure のエンジニア向け）
- Microsoft 365（Microsoft 365 のエンジニア向け）
- Dynamics 365（Dynamics 365 のエンジニア向け）
- Power Platform（Power Platform のエンジニア向け）
- Security, Compliance, and Identity（セキュリティエンジニア、ID 管理者向け）

　Security, Compliance, and Identity のカテゴリでは、**図 1.1-2** に示す 7 つの認定資格があり（本書執筆時点）、それらのうち「Security, Compliance, and Identity Fundamentals」は、Fundamentals に位置づけられています。

Fundamentals

Role-based

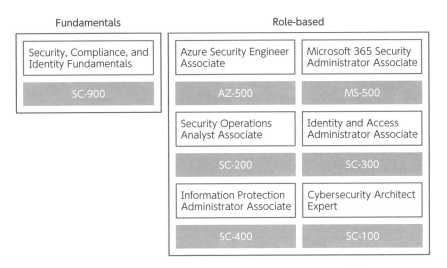

図 1.1-2 Security, Compliance, and Identity の認定資格と試験

1.2 SC-900：Microsoft Security, Compliance, and Identity Fundamentals

試験の概要

SC-900：Microsoft Security, Compliance, and Identity Fundamentals（以下、SC-900）は、クラウドベースおよび関連する Microsoft サービス全体のセキュリティ、コンプライアンス、および ID の基礎の知識が問われる試験であり、**表 1.2-1** に示す 4 つの基本スキルが問われます。本書では、これらのスキルについて、第 2 章から第 5 章で順番に解説します。

表 1.2-1　SC-900 の試験で問われるスキル

スキル	出題の割合
セキュリティ、コンプライアンス、ID の概念について説明する	10〜15%
Microsoft Entra の機能について説明する	25〜30%
Microsoft セキュリティソリューションの機能について説明する	25〜30%
Microsoft コンプライアンスソリューションの機能について説明する	25〜30%

試験の問題数は 45 問前後で、1,000 点満点の 700 点以上で合格となります。なお、試験時間は 45 分です。

試験の出題範囲

試験の出題範囲については、SC-900 の学習ガイドページ（https://learn.microsoft.com/ja-jp/certifications/resources/study-guides/sc-900）をご確認ください。

試験の申し込み方法

SC-900 試験は、Microsoft が委託した Pearson VUE のテストセンターまたはリモート（職場や自宅など）において、CBT（Computer Based Testing）方式で受験します。もちろん、日本語で試験を受けることができます。

試験の申し込みは、SC-900 の公式ページ（https://learn.microsoft.com/ja-jp/certifications/exams/sc-900/）から手続きが可能です。受験料は 12,500 円です（本書執筆時点）。

図 1.2-1　SC-900 の公式ページから試験を申し込む

なお、リモートでの受験には、一定のプライバシーが確保されるなどの環境要件があります。詳しくは Pearson VUE の「OnVUE を使用したオンラインテスト」ページ（https://home.pearsonvue.com/Test-takers/OnVUE-online-proctoring.aspx）を参照してください。

1.3 SC-900 試験の問題形式

　試験では、コンピューターの画面に表示される設問に回答していきます。回答を選択肢から1つまたは複数選択したり、文章の空欄に当てはまる回答を選んだりするなど、さまざまなパターンがあります。

回答を選択肢から選ぶ（例）

問題　ID のセキュリティを向上させるために、セキュリティを担当するチームは Windows Hello for Business を採用したいと考えています。Windows Hello for Business の説明として、正しいものはどれですか？

A. Windows Server 2012 に組み込まれている認証機能である

B. 多要素認証に代わる手段である

C. PIN または生体認証を使用してユーザーを安全に認証する機能である

D. Azure AD へ追加のライセンスが必要となる機能である

[正解] C

文章を正しく完成させる（例）

問題　文章を正しく完成させる答えを選んでください。

ブラウザと Azure ポータルを介して、Windows の仮想マシンに安全にリモート接続（SSH／RDP）するには、　　　　　　　　　を構成する必要があります。

1

A. Azure Bastion

B. Azure Firewall

C. Azure Load Balancer

D. ネットワークセキュリティグループ

［正解］A

左側と右側の説明をマッチングさせる（例）

問題 左側の Azure AD で管理するデバイス ID を、右側の正しい説明と一致させてください。

デバイス ID	説明
A. Azure AD 登録済みデバイス	1. これらのデバイスは組織が所有しており、Azure AD とオンプレミスの AD の両方に参加する
B. Azure AD 参加済みデバイス	2. 個人所有のデバイスを Azure AD に登録することで、組織のリソースへアクセスが可能である
C. ハイブリッド Azure AD 参加済みデバイス	3. これらのデバイスは組織が所有しており、Azure AD のアカウントでデバイスにサインインする

［正解］A-2、B-3、C-1

1.4　SC-900 試験の勉強方法

　本書は、SC-900 試験の合格を目的として構成したものです。試験の出題範囲に基づき、合格に必要なポイントに焦点を当てて説明しています。本書を学習することで、合格点（1,000 点満点の 700 点以上）に到達するには十分だと判断していますが、満点に近いような高得点で合格することは意図していません。

　より難易度の高い（重箱の隅を突く）問題まで学習の範囲を広げる場合は、本書を学習した上で、Microsoft の公式オンライントレーニングである Microsoft Learn「試験 SC-900: Microsoft セキュリティ、コンプライアンス、ID の基礎の学習ガイド」の「学習リソース」にリンクされている、各種ドキュメントを参照してください。

　また、試験では、英語を日本語に機械翻訳したような用語や文章での問題も想定されます。もし知らない用語や理解が難しい記述があったとしても、慌てずに自身の知識と関連づけて考えてください。

● Microsoft Learn「試験 SC-900: Microsoft セキュリティ、コンプライアンス、ID の基礎の学習ガイド」－学習リソース
https://learn.microsoft.com/ja-jp/credentials/certifications/resources/study-guides/sc-900#study-resources

図 1.4-1　試験 SC-900: Microsoft セキュリティ、コンプライアンス、ID の基礎の学習ガイド－学習リソース

第 2 章

セキュリティ、コンプライアンス、
ID のコンセプト

本章では、クラウドベースのセキュリティに関わる基本知識と、セキュリティ要素として重要性が高い ID のコンセプトを説明します。

2.1　セキュリティとコンプライアンスの概念

　ビジネスにおいて、セキュリティとコンプライアンスの重要性は高まる一方です。ここでは、試験でポイントとなる基本的なセキュリティ事項とコンプライアンスの概念を学習します。

共同責任モデル

　オンプレミス（情報システムなどのハードウェアやソフトウェアを自社で保有・管理）の環境であれば、そのセキュリティ対策やコンプライアンス（法令順守）に関する責任は、もちろん自社にあります。しかしながら、クラウドベースのサーバーなどを利用する際には、同じようにはいきません。

　クラウドサービスの形態は、IaaS、PaaS、SaaSの3つに大別されます。それぞれの形態で、以下のように責任範囲が変わります。

▶ IaaS（Infrastructure as a Service）

　サーバーやストレージ、ネットワークなどのハードウェア環境を、サービスとして提供します。利用者側では、それらのハードウェアを管理することはできません。

▶ PaaS（Platform as a Service）

　ハードウェア上で動作するOSやデータベースなどのミドルウェア、アプリケーションを開発するためのソフトウェア環境を、サービスとして提供します。利用者側では、それらを使って開発したアプリケーションや、作成したデータ以外を管理することは困難です。

▶ SaaS（Software as a Service）

特定のアプリケーションをサービスとして提供します。利用者側では、そのアプリケーションを使って作成したデータ以外を管理することは困難です。

クラウドサービスでは、プロバイダー側と利用者側で責任範囲を分担しながら、全体として責任を共有することになります。それらを明確に示したものが**共同責任モデル**です。

表 2.1-1　共同責任モデル

項目	IaaS	PaaS	SaaS	責任の範囲	オンプレミス
情報とデータ	●	●	●	責任は利用者側	責任はすべて利用者側
接続機器（PC などの各種デバイス）	●	●	●		
ID とアカウント	●	●	●		
ID 管理基盤	●	◎	◎	責任はクラウドサービスの形態により異なる	
アプリケーション	●	◎	○		
ネットワーク制御	●	◎	○		
OS（オペレーションシステム）	●	○	○		
物理ホスト（サーバーなど）	○	○	○	責任はプロバイダー側	
物理ネットワーク	○	○	○		
物理データセンター	○	○	○		

● : 利用者側
○ : プロバイダー側
◎ : 共同

▶▶ POINT!

試験では、Microsoft の各種クラウドサービス（Microsoft 365 アプリケーションなど）に対する責任範囲（利用者／プロバイダー／共同）が問われる可能性があります。たとえば、Microsoft 365 アプリケーションは共同責任モデルの SaaS に当てはまるため、ネットワーク制御はプロバイダー側の責任範囲となります。

多層防御

多層防御は、複数の防御層を重ねてセキュリティ対策を施し、強固な守りを築くことを目的としています。たとえば、入口、内部、出口といった複数のセキュリティ層に対して、それぞれセキュリティ対策を行います。

ここでは、防御層となるいくつかの対策を例に挙げて説明します。

▶ 物理的セキュリティ

入退管理システムなどにより、建物や部屋へ出入りする人を制限します。また、火災や水害、地震などから守るために、建物の災害対策を行います。

▶ ID とアクセス

利用者を ID により認証したり、利用者のアクセス範囲を制限したりします。利用者固有の生体認証（指紋認証や顔認証など）を加えた、多要素認証が用いられることもあります。

▶ 境界

外部ネットワークと内部ネットワークの間に境界を設け、ファイアウォールなどを設置してサイバー攻撃の脅威から守ります。

▶ ネットワーク

リスクレベルによりネットワークのセグメンテーションを分けたり、不要な通信パケットをフィルタリングしたりします。

▶ コンピューティング

物理的なサーバーへの接続や、仮想マシンへのアクセスなどを制限します。

▶ アプリケーション

アプリケーション・ソフトウェアの脆弱性を管理し、セキュリティ上の欠陥や弱点が悪用されないようにします。

▶ データ

適切なアクセス権の付与や重要データの暗号化などにより、各種データを守ります。

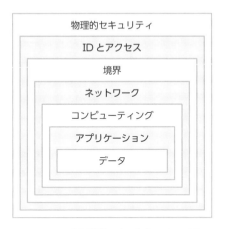

図 2.1-1 　多層防御で守るセキュリティ層

ゼロトラストモデル

　従来型のセキュリティ対策では、ネットワークなどの重要な境界を集中的に強化する方針が採られていました。境界内部は安全であることが前提なので、万が一、サイバー攻撃などで境界が突破されると非常に無防備となります。

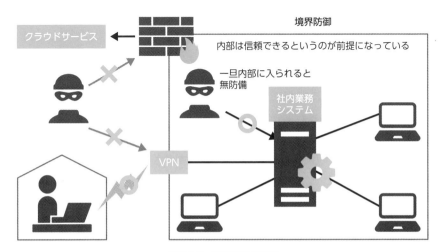

図 2.1-2 　境界防御の課題

　ゼロトラストとは、接続するすべてのアクセスや通信を一切信頼せず、アクセス対象のすべて（ネットワークやアプリケーションなど）を毎回検証するという概念・考え方になります。その上で、システムやサービス、ユーザー、デバイスなどのアクセスは、侵害を想定して検証します。ゼロトラストネットワークでは、エンドツーエンドを多層防御で守るとともに、セキュリティ侵害（インシデント）が起こった際の早期検出を重視します。予防的な対策で完璧に守ることはできないと考え、迅速な事後対処により被害を最小限に抑えることを目指します。

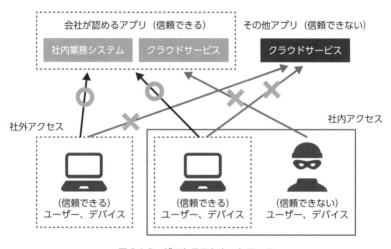

図 2.1-3　ゼロトラストネットワーク

　そして、ゼロトラストモデルは、「誰も信用しない、すべてを確認する」という基本原則のもと、次の「3 つの原則」と「基本的な 6 つの柱」を構成します。

▶ セキュリティ実装の「3 つの原則」

- 明示的に検証する
  常に認証と認可（承認）を行う必要があることを意味します。
- 特権アクセスの最小化
  本来の目的に必要な最低限のアクセス権限しか与えないようにすることです。
- 侵害を想定する
  セキュリティ侵害が発生した際の影響範囲を最小限に抑えることを意味します。

▶ 基盤となる「基本的な 6 つの柱」

ゼロトラストを支える 6 つの基盤要素です。

- ID
- デバイス
- アプリケーション
- データ
- インフラストラクチャ
- ネットワーク

POINT!

ゼロトラストの原則には、いろいろな提唱 (5 原則や 7 原則など) が存在します。学習にあたっては、この「3 つの原則」と「基本的な 6 つの柱」を押さえておくことが重要です。たとえば、ここに含まれない項目が試験問題の選択肢にあれば、間違いとして判断 (選択) できるようにします。

情報セキュリティの 3 要素

情報セキュリティでは、さまざまなセキュリティの脅威から情報資産を守るため、次の 3 つの要素が欠かせません。情報セキュリティの国際規格群である ISO/IEC 27000 シリーズでは、情報セキュリティを「情報の機密性、完全性および可用性を維持すること」と定義しています。

▶ 機密性 (Confidentiality)

一言でいうと、「秘密にすること」です。たとえば、重要な情報を秘匿するために、データを暗号化します。

▶ 完全性 (Integrity)

「間違いがないこと」です。たとえば、重要な情報が勝手に書き換えられないように、データの改ざん防止を行います。

▶ 可用性 （Availability）

「必要なときに使えること」です。たとえば、重要なシステムが止まらないように、システムの二重化を行います。

　これら3要素を、英語の頭文字をとって「情報セキュリティの CIA」と呼ぶことがあります。

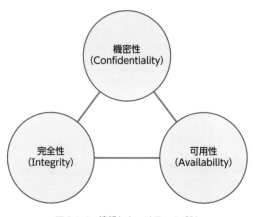

図 2.1-4　情報セキュリティの CIA

暗号化とハッシュ

　セキュリティ技術として欠かせない、暗号化とハッシュについて説明します。それぞれ、基本的な仕組みを理解しておきましょう。

▶ 暗号化

　暗号化とは、鍵を使ってデータなどの内容を他人にはわからなくすることです。暗号化したデータは鍵を使って元に戻すことができ、これを復号といいます。

　次に、共通鍵暗号と公開鍵暗号という2つの暗号方式について説明します。

- 共通鍵暗号方式

　暗号化と復号に同じ鍵を用いる方式であり、対称暗号化方式とも呼ばれています。代表的なアルゴリズムとして、AES（Advanced Encryption Standard）があります。公開鍵暗号方式と比べて、暗号化・復号の処理が非常に高速です。

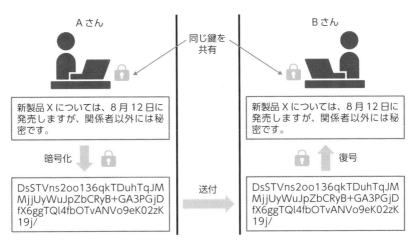

図 2.1-5　共通鍵暗号方式

ただし、秘密にすべき鍵を共有することになるため、鍵の受け渡し方法や取り扱いの管理に十分注意が必要です。たとえば、誤って第三者に鍵が渡れば、漏えいした暗号ファイルを復号されてしまいます。

- 公開鍵暗号方式

秘密鍵と公開鍵という 2 つの鍵をペアで用いる方式であり、非対称暗号化方式とも呼ばれています。代表的なアルゴリズムとして、RSA（発明した 3 名、R. L. Rivest、A. Shamir、L. Adleman の名前が由来）があります。公開鍵から秘密鍵を推測することが困難なため、公開鍵はその名のとおり秘匿せずに鍵を共有することができます。公開鍵暗号方式は、秘密鍵と公開鍵を暗号化／復号のどちらに使うかで、暗号の意図が変わります。

公開鍵で暗号化すると、ペアとなる秘密鍵でしか適切に復号できません（機密性の意図）。逆に秘密鍵で暗号化すると、ペアとなる公開鍵でしか適切に復号できないため、秘密鍵を持つ正規の相手なのか検証することができます（完全性の意図）。

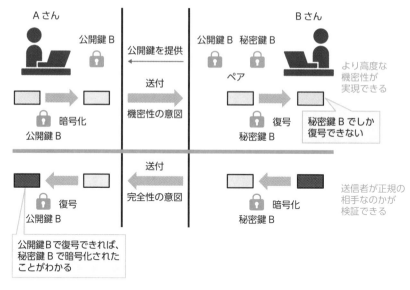

図 2.1-6　公開鍵暗号方式

ハッシュ

　ハッシュは、アルゴリズム（ハッシュ関数）によりデータを固定長かつ一意の（重複しない）ハッシュ値へ変換します。ハッシュ値は、データを暗号化したときのようにランダムな値に変わりますが、データの暗号化とは異なりハッシュ値から元のデータへ戻すことができません。そのため、ハッシュ関数は一方向性（非可逆）関数とも呼ばれており、代表的なアルゴリズムの 1 つが SHA（Secure Hash Algorithm）です。

　たとえば SHA-256 の場合、いくつか種類やサイズの異なるデータファイルに対してハッシュ値を求めると、256 ビット、つまり 32 バイトの値が得られます。もちろん、ハッシュ値から元のデータファイルを復元したり、元のデータを推測したりすることは不可能です。

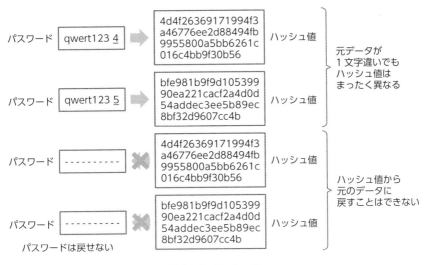

図 2.1-7　ハッシュ値

　しかし、個々のデータはさまざまですから、偶然同じ（重複する）ハッシュ値になることがありそうです。同じ値になることを衝突（コリジョン）といい、複数の元データと一致するためセキュリティ面で弱くなります。過去には衝突するような問題が見つかり、強度すなわち安全性を高めるために固定長を伸ばした（たとえば、20 バイトから 32 バイトにする）アルゴリズムへと変わってきています。

　セキュリティにおいて、ハッシュは暗号化と並んで欠かせないものです。たとえば、パスワードの値をそのまま取り扱うのは大変危険です。パスワードをハッシュ値にしておけば、その値からは元のパスワードがわからないため安全になります。また、データファイルを相手に送る際に、そのハッシュ値を提示することで、データファイルの内容に間違いなどがないことを検証できます（受信側で、送られてきたデータファイルのハッシュ値を求めて、提示されたハッシュ値と比較する）。

コンプライアンスの概念

　コンプライアンスとは、一般的に「法令順守」を意味します。ただ、企業においては、倫理観、公序良俗などの社会的な規範を含め、より広い意味でコンプライアンスを捉えることがあります。

　ここでは、次の 3 つの事柄を押さえておきましょう。たとえば、データ主権の項目に対して、選択肢の中から正しい説明をスムーズに選べるようにしておきます。

▶ データ所在地

クラウドサービスにおいて、実際にデータを保管している物理的なサーバーの場所（国や地域）は、利用者がアクセスしている場所とは異なることがあります。各国の法律などにより、データの取り扱いに関する規制が大きく異なることもあるので、十分な注意が必要です。

▶ データ主権

データ主権とは、データの保存場所の国の法律が適用されるということを示す場合と、データに対する提供者の権利を示す場合があります。いずれにせよ、データを収集、保持、処理する際には、対象となる国の法律を考慮することが重要です。

▶ データプライバシー

データプライバシーとは、一般的に個人情報（個人データ）の取り扱いを意味します。日本の「個人情報保護法」や EU の「GDPR（General Data Protection Regulation：EU 一般データ保護規則）」など、各国の法律や規制に準拠する必要があります。

個人データの収集、処理、使用、共有などの取り扱い方法を明示し、透明性を保つことは、法律や規制を守るための基本原則です。

知識確認テスト

Q1 X社では、Microsoft 365 アプリケーションを利用しています。共同責任モデルでは、このアプリケーションで取り扱う「情報とデータ」の責任はどこにありますか？

A. Microsoft

B. X社

C. X社とMicrosoftの共同責任

D. 特に責任はない

解説

「情報とデータ」の責任の所在は、どのクラウドサービス（IaaS、PaaS、SaaS）においても、オンプレミスと同様に利用者側です。よって、Bが正解です。

[答] B

Q2 ゼロトラストモデルの「誰も信用しない、すべてを確認する」という原則にもとづき、セキュリティの実装方法をガイドとして支える原則の1つはどれですか？

A. 役割ベースのアクセス制御

B. すべてのユーザーで多要素認証を使用する

C. 侵害を想定する

D. 通信はすべて保護される

解説

セキュリティ実装の3原則は、「明示的に確認する」、「特権アクセスの最小化」、「侵害を想定する」です。よって、Cが正解です。

[答] C

Q3 ハッシュと暗号化について、最も正しい説明はどれですか？

 A. ハッシュは共通鍵暗号方式の 1 つである

 B. 公開鍵暗号方式は共通鍵暗号方式と比べて処理が高速である

 C. 共通鍵暗号方式で用いる鍵は、関係者を含めて広く周知する必要が
  ある

 D. ハッシュ値から元のデータを推測することはできない

解説

　ハッシュ関数で求めたハッシュ値は、元のデータに復元できず、また、元のデータを推測することもできません。よって、D が正解です。A のハッシュは、暗号方式ではありません。B の公開鍵暗号方式は、共通鍵暗号方式と比べて処理が遅くなります。C の共通鍵は、関係者以外には知られないよう適切に管理する必要があります。

[答] D

Q4 コンプライアンスに関連する「データプライバシー」について、最も正しい説明はどれですか？

 A. データの所在地における規制により、物理的にデータを保存できる場
  所と、データを国際的に転送、処理、またはアクセスできる方法と時
  期が決まっている

 B. データ（特に個人データ）は、物理的に収集、保持、または処理され
  る国／地域の法律などにより規制の対象となる

 C. 個人データの収集、処理、使用、共有について通知を提供し、透明性
  を保つことはプライバシー法および規制の基本原則である

 D. データにアクセスできるユーザーを制限し、アクセスできる範囲を限
  定しなければならない

解説

　データプライバシーとは、個人情報の保護に関することです。よって、C が正解です。A はデータ所在地のことであり、B はデータ主権に関する説明です。D は一般的なデータのアクセス制御についての説明で、データプライバシーとは無関係です。

[答] C

2

2.2 ID のコンセプト

　各種システムやアプリケーション、リソースにアクセスするには ID が必要です。特にクラウドベースの環境において ID は、セキュリティを確保する上で必須かつ重要な要素です。

認証と認可

　認証と認可について、日常でその違いを意識することは少ないと思います。ここでは、あらためてそれぞれの内容を確認しておきましょう。

▶ 認証

　一言でいうと、本人確認です。英語の Authentication であり、これを短縮して AuthN と表記することがあります。たとえば、システムやサービスの利用時に ID とパスワードを入力させることにより、正しい利用者かどうかを確認します。

　順番としては、認可の前に認証を行います。

▶ 認可

　一言でいうと、権限の付与です。英語の Authorization であり、これを短縮して AuthZ と表記することがあります。たとえば、認証した利用者に対して、システムやサービスの機能・リソースを利用可能とする権限を与えます。

　順番としては、認証の後が認可です。

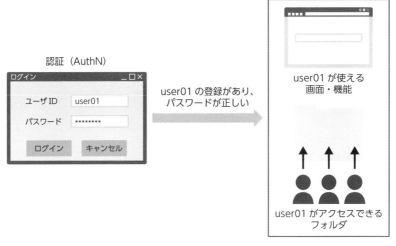

認可（AuthZ）

認証（AuthN）

ログイン

ユーザ ID ┃ user01

パスワード ┃ ********

ログイン ┃ キャンセル

user01 の登録があり、
パスワードが正しい

user01 が使える
画面・機能

user01 がアクセスできる
フォルダ

図 2.2-1　認証と認可のイメージ

主要なセキュリティ境界としての ID

　ここ数年でデジタル化によりワークスタイルが大きく変わりました。特にテレワークの普及により、企業の建物やネットワークなどの物理的な境界でセキュリティを守ることが難しくなっています。また、「ゼロトラストモデル」の項で説明したように、従来型のネットワーク境界などによるセキュリティ対策では限界があります。

　そこで注目されたのが、ID による論理的なセキュリティの強化です。企業の情報資産が各種クラウドサービスなどに分散する中、セキュリティで意識すべき境界は、「誰か」を示す ID だといえます。対象の情報（データ）を取り扱う主体に紐づく ID を、統合的に管理し、動的なポリシー(境界) で守ることが重要です。

　また、ここでいう「誰か」は人に限りません。コンピュータによる自動処理（サービス、アプリケーション）や、IoT などのデバイスも含まれます。

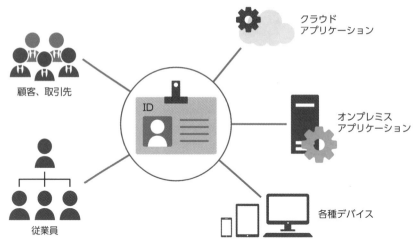

図 2.2-2　新しいセキュリティ境界となる ID

　この ID を支える ID インフラストラクチャでは、次に示す 4 つの基本的な要素を考慮する必要があります。

▶ ID の 4 つの基本要素

- 管理
  ユーザー、デバイス、およびサービスの ID を作成し、管理します。
- 認証
  特定の ID について、身元の保証に十分な証拠があるかどうかを調べます。
- 認可
  認証されたユーザーなどに対して、アクセス先のアプリケーションまたはサービス内でのアクセスレベルを決定します。
- 監査
  いつ、誰が、何を、どこで、どのように行うかを追跡します。

ID プロバイダーの役割

　ID プロバイダーとは、クラウドサービスなどにアクセスする利用者などの認証情報を一元的に保存・管理するサービスのことです。ここでは、基本認証と先進認証の違いを押さえておきましょう。

　基本認証とは、利用者などの要求ごとにユーザー名とパスワードを送信し、それらの認証情報（IDやパスワードなどの資格情報）をもとにサービスまたはアプリケーションの利用を提供する仕組みです。この仕組みの問題点としては、認証情報の漏えいリスクが少なからずあることです。

　これに対して、**先進認証**はアクセストークン（有効期限がある許可証）を用いる仕組みであり、利用者の認証情報そのものを取り扱いません。

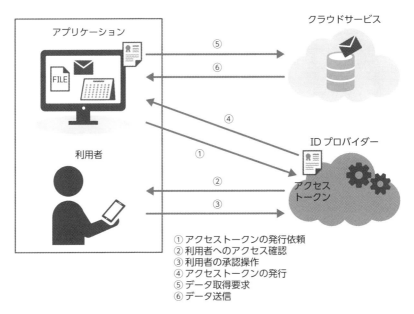

　①アクセストークンの発行依頼
　②利用者へのアクセス確認
　③利用者の承認操作
　④アクセストークンの発行
　⑤データ取得要求
　⑥データ送信

図2.2-3　アクセストークンを用いる仕組み

　Microsoft Entra IDは、クラウドベースのIDプロバイダーの1つです。その他、Google、X（旧Twitter）、FacebookなどもIDプロバイダーとしてのサービスを提供しています。

>> POINT!

Microsoft Azure Active Directory（Azure AD）は、Microsoft Entra IDに名称変更されました。

27

▶ シングルサインオン

ID プロバイダーで先進認証する際の基本的な機能に、シングルサインオン (SSO) のサポートがあります。一度ユーザー認証（ログイン）を行うと、その後は都度認証することなく、複数のサービス、システム、アプリケーションまたはリソースにアクセスすることが可能です。

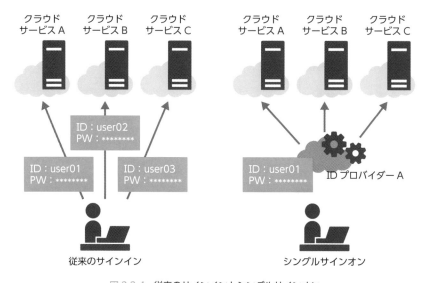

図 2.2-4　従来のサインインとシングルサインオン

また、シングルサインオンを複数の ID プロバイダー間で連携して設定することを、**フェデレーション**と呼びます。

ディレクトリサービスと Active Directory の概念

ディレクトリサービスとは、ネットワーク上に分散して存在するコンピュータ機器の情報（リソースとその所在や属性など）を一元管理（収集、記録、検索）するものです。**Active Directory (AD)** は、Microsoft のディレクトリサービスであり、オンプレミス環境では **Active Directory Domain Services (AD DS)** として広く利用されています。

しかしながら、AD DS は先進認証などに対応していません。そこで、クラウド環境における次世代型ディレクトリサービスとして進化したのが、クラウドベースの

ID プロバイダーである **Microsoft Entra ID** です。Microsoft Entra ID については、第 3 章で説明します。

フェデレーションの概念

　ディレクトリサービスでは、1 回のログインでアクセスできる範囲をドメインとして定義します。フェデレーションは、各ドメインの ID プロバイダー間で信頼関係を確立することにより認証情報を連携します。利用者は、信頼関係のある複数のドメインに対して、シングルサインオンでアクセスすることが可能になります。

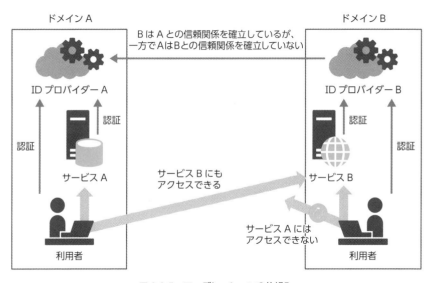

図 2.2-5　フェデレーションの仕組み

　フェデレーションの信頼関係は双方向とは限りません。たとえば、ID プロバイダーA が ID プロバイダーB との信頼関係を確立していない場合、ドメイン B の利用者によるサービス A へのアクセスは許可されません。

知識確認テスト

Q1　認証のプロセスについて、最も正しい説明はどれですか？

    A. クラウドサービスが利用できるようユーザーにアクセス権を与えること

    B. あらかじめユーザーとの信頼関係を確立すること

    C. ログインするユーザーの正当性を確認すること

    D. いつ、誰が、何を、どこで、どのように行うかを追跡すること

解説

　認証とは、正しい利用者かどうかを確認することをいいます。よって、C が正解です。A は認可の説明です。B は認証のプロセスではありません。D は、ID インフラストラクチャの基本的な要素の 1 つである監査のことです。

[答] C

Q2　シングルサインオンの説明として、最も正しいものはどれですか？

    A. ユーザーは一度のログインで、複数ドメインのアプリケーションやサービスを利用できる

    B. ユーザーは長期間パスワードを変更する必要がない

    C. オンプレミスの環境では利用することができない

    D. ユーザーはログインした複数のドメインに対して、同時にはアクセスできない

解説

　シングルサインオンとは、一度のログインで異なるドメインのアプリケーションなどを再認証なく利用できることをいいます。よって、A が正解です。

[答] A

Q3 フェデレーションに必要なことはどれですか？

   A. 互いのアプリケーションやサービスを共有する

   B. 多段階認証を有効にする

   C. 認証情報が連携できるよう信頼関係を確立する

   D. ネットワーク上に分散して存在するコンピュータ機器の情報を一元管
   理する

解説

　フェデレーションとは、異なるドメインのID プロバイダー間で信頼関係を確立することです。よって、C が正解です。A と B はフェデレーションにとって必要というわけではありません。D はディレクトリサービスの説明です。

[答] C

第 3 章

Microsoft Entra ID の
機能

　本章では、Microsoft Entra と呼ばれる製品ファミ
リーの１つであり、アイデンティティ機能とアクセ
ス機能を網羅する Microsoft Entra ID について説明
します。

3.1 Microsoft Entra ID の基本的なサービスと ID の種類

　ID プロバイダーを使用した ID 管理およびアクセス管理の機能は、クラウド環境を守るための重要なセキュリティ境界といっても過言ではありません。ここでは、その基本となる Microsoft Entra ID に焦点を当てて学習します。

Microsoft Entra ID

　Microsoft Entra ID は、クラウドベースの ID 管理およびアクセス管理サービスです。Microsoft Entra ID を使用することで、利用者は企業の内部リソースや外部リソースに、同一の ID を用いてアクセスすることができます。ここでいう内部リソースや外部リソースとは、たとえば次のようなものを指します。

- 内部リソース
  社内ネットワーク環境の各種システムやアプリケーション、自社開発のクラウドアプリケーションなど
- 外部リソース
  Microsoft 365 サービスや Azure Portal（Azure を一元的に管理する統合型コンソール）、企業が利用している SaaS アプリケーションなど

　Microsoft Entra ID は、クラウド環境およびオンプレミス環境に対して、単一の ID システムを提供し、認可やアクセス管理の方法を効率化します。また、Microsoft Entra ID は、既存のオンプレミス環境の Active Directory（以下、AD）や、他のディレクトリサービスと同期することも可能です。さらに、従業員の私用デバイス（PC やスマートフォンなど）の業務利用、すなわち「BYOD（Bring Your Own Device）」のセキュリティを高めたり、取引先や顧客などをゲストユーザーとして招いて共同作業を可能にしたりします。

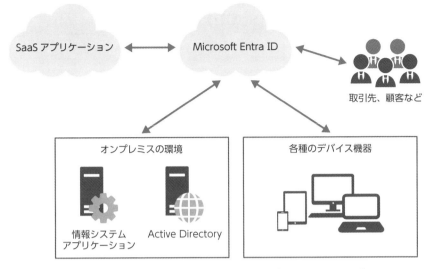

図 3.1-1　Microsoft Entra ID による ID 管理およびアクセス管理サービス

　Microsoft Entra ID を使用できるように構成されたアプリケーションは、Microsoft Entra ID が提供するさまざまな機能を利用できます。たとえば、条件付きアクセスを利用したクラウドアプリとして使用することができます。このメリットとしては、アプリケーションごとに発行した資格情報ではなく、Microsoft Entra ID でログインした資格情報を使用して、シングルサインオン（SSO）でアクセスしたり、セキュリティ強化として多要素認証を付加することなどが挙げられます。

> **POINT!**

Microsoft Entra ID のライセンスの内容は下記 URL を参照してください。
https://www.microsoft.com/ja-jp/security/business/microsoft-entra-pricing?rtc=1

Microsoft Entra ID の ID の種類

　Microsoft Entra ID は、ユーザー、サービスプリンシパル、マネージド ID、デバイスなど、さまざまな種類の ID を管理しています。

ユーザー

　一般的な従業員（利用者）に与えるユーザーの ID です。同じ部署に属する従業員へ同じアクセス権を割り当てる場合は、個別に設定するのではなくグループ機能を利用すると便利です。

　また、後述する Microsoft Entra External ID の B2B コラボレーション機能を使うことで、社外のユーザー（外部ユーザー）と安全に情報共有を行えます。

サービスプリンシパル

　サービスプリンシパルは、アプリケーションに与える ID です。サービスプリンシパルを利用するには、あらかじめアプリケーションを Microsoft Entra ID に登録しておく必要があります。登録すると、Microsoft Entra ID のテナント（ID で管理する組織のリソースやアプリケーションなどのセキュリティ境界）にサービスプリンシパルが作成され、アプリケーションはそのテナントで保護するリソースへアクセスできるようになります。

　なお、アプリケーションの開発者は、サービスプリンシパルの資格情報を管理する必要があります。

マネージド ID

　マネージド ID もアプリケーションに与える ID ですが、サービスプリンシパルとは異なり、資格情報を使用せずにセキュリティを維持したまま目的の API にアクセスできます。たとえば Azure App Service 上（Azure の PaaS サービス）で実行されている Web アプリケーションから、ストレージアカウントや Microsoft Graph API などに資格情報なしでアクセスすることができます。

　なお、サービスプリンシパルとマネージド ID の使い分けについて、少し補足すると次のとおりになります。

- 任意のクライアント（Azure 上に存在しないものを含む）で使用したい場合は、サービスプリンシパルを使用
- Azure 上に存在する特定のリソースでのみ使用したい場合は、マネージド ID を使用

そしてマネージド ID には、「システム割り当て」と「ユーザー割り当て」の 2 種類があります。

- システム割り当て

  仮想マシンや App Service などの Azure リソースでは、マネージド ID を直接有効にすることができます。このマネージド ID を使用できるのは、マネージド ID が有効化された Azure リソースのみなので、マネージド ID が仮に漏えいしてもセキュリティリスクにはならないことが大きな特徴となります。なお、マネージド ID は Azure リソースが削除されると同時に削除されます。

- ユーザー割り当て

  ユーザー割り当てのマネージド ID は、複数の Azure リソースに割り当てることができます。その際、特別な種類のサービスプリンシパルがマネージド ID 用に作成されます。システム割り当てとは異なり、Azure リソースが削除されてもマネージド ID は自動的に削除されないので、明示的に削除する必要があります。

POINT!

アプリケーションに与える ID には、「サービスプリンシパル」と「マネージド ID」の 2 つがあります。学習にあたっては、両者の違いを押さえることが重要です。たとえば、サービスプリンシパルは資格情報を管理する必要がありますが、マネージド ID は資格情報の管理が不要です（Microsoft Entra ID が自動的に資格情報を管理します）。

▶ デバイス

デバイス（スマートフォンやノート PC、サーバー、プリンターなどのハードウェア）に ID を与えて Microsoft Entra ID で管理する方法は、次の 3 つです。

- Microsoft Entra 登録（Azure AD registered）
  個人所有のデバイスを Microsoft Entra ID に登録することで、当該デバイスを使用して組織の管理するリソースなどにアクセスすることができます。登録したデバイスは、これまでと同様にデバイスのローカルアカウントを使用できます。サポートされている OS は、Windows10 以降と、macOS、Linux、iOS、Android です。
- Microsoft Entra 参加（Azure AD Join）
  Microsoft Entra ID のアカウントを使用してデバイスにサインインします。ここでいうデバイスとは、通常、企業が所有するデバイスが該当します。サポートされている OS は、Windows10 以降（Home エディションを除く）と、Azure で実行されている Windows Server 2019 仮想マシンです。
- Microsoft Entra ハイブリッド参加（Hybrid Azure AD joined）
  「Hybrid Azure AD joined」は、オンプレミスの AD を利用している組織で「Azure AD joined」と同じメリットを享受することができます。オンプレミスの AD アカウントでサインインすると、デバイスはオンプレミスの AD と Microsoft Entra ID の両方に参加します。

　なお、それぞれのデバイスは、シングルサインオンを使って Microsoft Entra ID のリソースにアクセスすることができます。また、Microsoft Intune などのツールによりデバイス管理が行えます。

▎外部 ID の種類

　外部ユーザーに対して、自社のアプリケーションやデータへのアクセスを許可するケースが増えています。Microsoft Entra External ID は、新たにアカウントを作成することなく、外部ユーザー自身が持つ既存の ID（Facebook や Google の ID など）を使ったサインインを可能にします。

　Microsoft Entra External ID には、次の 2 つの機能があります。

▶ B2B コラボレーション

B2B とは「Business to Business」の略で、企業間の取引関係を意味します。**B2B コラボレーション**は、自社の重要なデータを守りながら、外部ユーザーと安全に自社のリソースを共有できるようにする機能です。外部ユーザーは、送られてきた招待メールを承諾するといったシンプルな手順によるサインアップや、セルフサービスサインアップ（3.2 節内「Microsoft Entra ID の多要素認証」で説明）により自らサインアップを行うことができます。

外部ユーザーのタイプはゲスト（ゲストユーザー）となりますが、メンバーと同様に管理することができます。このとき、ゲスト全体に対する制御も可能です。つまり、ユーザータイプが異なっても、管理方法に大きな違いはありません。メンバーとゲストの違いは、「ゲストは、その企業のユーザー（企業のテナントで発行された ID）ではない」という点です。

▶ B2C アクセス管理

B2C とは「Business to Customer」の略で、企業と一般消費者の取引関係を意味します。**B2C アクセス管理**は、顧客 ID アクセス管理（CIAM）の機能です。これを利用すれば、外部ユーザーは自身のソーシャルアカウント、企業アカウント、またはローカルアカウントの ID を使用してシングルサインオンができます。また、B2C アクセス管理の認証基盤は、多くの通信トラフィックとアクセスを想定し、スケーリングおよび安全性を確保しています。

外部ユーザーは、自社の従業員と分けて管理され、ログイン画面（サインイン画面）を当該外部ユーザー専用にカスタマイズすることができます。

■ ハイブリッド ID の概念

オンプレミスとクラウドが混在したハイブリッド環境において、それぞれの環境（つまり、オンプレミスとクラウドの両方）でユーザーを管理するのは煩雑です。**ハイブリッド ID** を使えば、1 つの ID で、すべての認証と権限付与が可能になります。

ハイブリッド ID の認証では、オンプレミスの AD と Microsoft Entra ID を橋渡しする Microsoft Entra Connect が必要です。

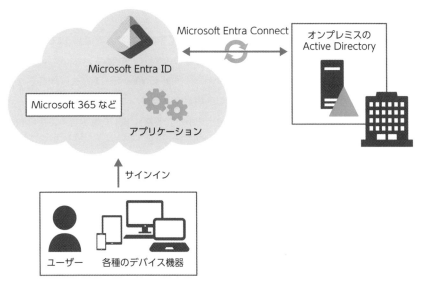

図 3.1-2　ハイブリッド ID

　ハイブリッド ID の認証方式として、「パスワードハッシュの同期」、「パススルー認証」、「フェデレーション認証」の 3 つがあります。

▶ パスワードハッシュの同期

　比較的容易にハイブリッド ID の認証を実現するのが、**パスワードハッシュの同期**です。Microsoft Entra Connect は、オンプレミスの AD が持つユーザーのパスワードハッシュを Microsoft Entra ID と同期させます。そして、ユーザーが Microsoft Entra ID にサインインすると、入力したパスワードから求めたパスワードハッシュと一致することを検証します。

　この仕組みのメリットは、オンプレミスの AD がダウンした際にも、Microsoft Entra ID の認証によりクラウド環境にアクセスできることです。

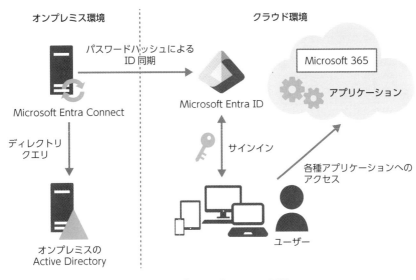

オンプレミス環境　　　　　　　　　　　クラウド環境

パスワードハッシュによる
ID 同期

Microsoft Entra Connect

Microsoft Entra ID

Microsoft 365

アプリケーション

ディレクトリ
クエリ

サインイン

各種アプリケーションへの
アクセス

オンプレミスの
Active Directory

ユーザー

図 3.1-3　パスワードハッシュの同期

パススルー認証

パススルー認証では、ユーザーが Microsoft Entra ID にサインインするとオンプレミスの認証エージェントを経由して認証情報が送られ、オンプレミスの AD が直接パスワードを検証します（Microsoft Entra ID はパスワードの検証を行いません）。Microsoft Entra ID は、認証エージェントから返される応答（成功、失敗、パスワードの有効期限が切れている、またはユーザーがロックアウトされている）をもとに、ユーザーを認証または拒否します。

パススルー認証を用いるには、Microsoft Entra Connect に加えて、認証エージェントが必要となり、認証エージェントやオンプレミスの AD がダウンすると認証ができなくなります。そのため、障害に備えてサーバー構成を冗長化するなど、パスワードハッシュの同期と比べて、より大規模なオンプレミスの IT インフラストラクチャが必要になります。

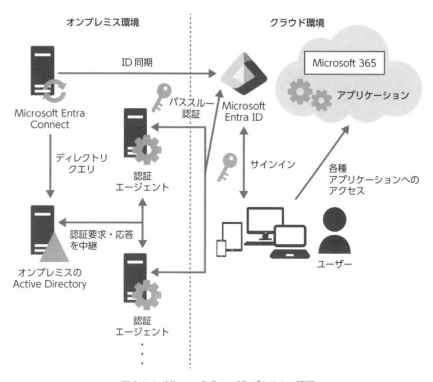

図 3.1-4　Microsoft Entra ID パススルー認証

▶ フェデレーション認証

フェデレーション認証を使うと、Microsoft Entra ID ではサポートしていない認証機能を実装することができます。具体例として、次のような認証機能が挙げられます。

- スマートカードまたは証明書を使用したサインイン
- オンプレミスの多要素認証（MFA）サーバーを使用したサインイン
- サードパーティの認証ソリューションを使用したサインイン

　Microsoft Entra ID とオンプレミス環境の Active Directory との連携において最初に提供されたサービスがフェデレーション認証です。これは Windows Server の機能として提供されており、オンプレミス環境にフェデレーション認証を行うための AD FS サーバーなどの環境構築が必要となります。

　フェデレーション認証では、Microsoft Entra ID での認証が要求されると AD FS サーバーに遷移し、オンプレミス環境の Active Directory で認証が行われます。そ

のため、ユーザーがインターネットからオンプレミス環境にアクセスする際には、インターネットからの企業ネットワークへの入口となる、リバースプロキシ経由でのアクセスが必要です。認証は重要な機能なので、フェデレーション環境が単一障害点にならないように設計する必要があります。

このようにフェデレーション認証では、オンプレミス環境に AD FS など多くのサーバーを構築して Microsoft Entra ID との連携を行いますが、現在は、先ほど紹介したパスワードハッシュの同期やパススルー認証を使用することで、Microsoft Entra Connect の導入のみでシームレス SSO が実現できます。

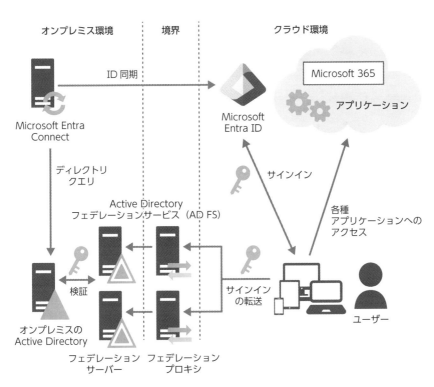

図 3.1-5 フェデレーション認証

> **POINT!**
>
> ハイブリッド ID の認証方式には、「パスワードハッシュの同期」、「パススルー認証」、「フェデレーション認証」の 3 つがあります。たとえば、オンプレミスの AD が障害で使えなくなってもクラウド環境を利用できるのは、「パスワードハッシュの同期」になります。

知識確認テスト

Q1　アプリケーションの開発者は、Azure App Service 上で実行されている Web アプリケーションから、ストレージアカウントに資格情報を必要とせずにアクセスできるようにしたいと考えています。この場合に用いるアプリケーションの ID はどれですか？

　　A. ユーザー

　　B. ハイブリッド ID

　　C. マネージド ID

　　D. サービスプリンシパル

解説

　マネージド ID は、Microsoft Entra ID で自動的に管理される（アプリケーションの開発者が資格情報を管理する必要がない）アプリケーションの ID です。よって、C が正解です。A と B はアプリケーションに与える ID ではありません。D はアプリケーションの ID ですが、資格情報を管理する必要があります。

[答] C

Q2　Y 社はオンプレミスの AD による認証基盤を利用しており、従業員は会社から貸与されたモバイル PC を使ってサインインしています。このデバイスが、Microsoft Entra ID の認証によりクラウドベースのアプリケーションにアクセスできる場合、どの構成になっていますか？

　　A. Microsoft Entra 参加済みデバイスとして構成

　　B. オンプレミスの AD 参加済みデバイスとして構成

　　C. Microsoft Entra 登録済みデバイスとして構成

　　D. Microsoft Entra ハイブリッド参加済みデバイスとして構成

解説

　自社のアカウントでサインインすることで、オンプレミスの AD と Microsoft Entra ID に参加できるのは、Microsoft Entra ハイブリッド参加済みデバイスです。よって、D が正解です。B の「オンプレミスの AD 参加済みデバイス」という構成はありません。

[答] D

Q3 X 社は、一般消費者向けに新規サービスのアプリケーションの提供を始めます。新規サービスに応じたデザインのサインイン画面を使うには、どの外部 ID の機能を選ぶべきですか？

A. B2B コラボレーション
B. B2C アクセス管理
C. ハイブリッド ID
D. Microsoft Entra Connect

解説

　一般消費者向けにサインイン画面をカスタマイズできるのは、B2C アクセス管理の機能です。よって、B が正解です。A は、取引先などの外部ユーザーが自分の ID を使ってサインインできる機能であり、サインイン画面をカスタマイズすることはできません。C と D は外部 ID の認証に関する機能ではありません。

[答] B

3.2 Microsoft Entra ID の認証機能

正当な利用者を認証するためには、より優れた安全な認証方法が必要です。ここでは、Microsoft Entra ID の認証方法や多要素認証、パスワード保護機能などについて学習します。

Microsoft Entra ID の認証方法

Microsoft Entra ID には、ユーザーがデバイスやアプリケーション、サービスにサインインする際の認証方法が複数あります。

▶ パスワードによる認証

基本的な認証方法ですが、近年のセキュリティインシデントでは、脆弱なパスワードが大きな要因となっています。パスワードのみでの認証はセキュリティリスクであることに注意してください。なぜなら、パスワードの漏えいやハッキングによってパスワードが攻撃者の手に渡ると、そのユーザーは容易に乗っ取られてしまうからです。そのため、多要素認証やパスワードレス認証の導入を検討したほうがよいでしょう。

▶ パスワードレス認証

パスワードを認証で使用しないので、パスワード認証よりも安全な認証方法です。パスワードレス認証では、Windows Hello for Business や FIDO2 セキュリティキー、Microsoft Authenticator アプリなどを使用することができます。

▶ FIDO2 セキュリティキー

FIDO2 セキュリティキーでの認証は、FIDO（Fast Identity Online）に準拠した物理デバイスを使用したパスワードレスでの認証ができます。

Microsoft Authenticator

Microsoft Authenticator は、スマートフォンのアプリケーションとして提供されている、Microsoft の認証アプリです。このアプリには、パスワードレスやプッシュ通知の認証などがサポートされています。多要素認証では、このアプリケーションの使用が推奨されています。

SMS

SMS（Short Message Service）は、ユーザーが所有するスマートフォンの電話番号宛にメッセージを送付して認証を行います。そのメッセージには1回限り使用できるコードが記載されており、多要素認証とセルフサービスパスワードリセット（SSPR）に使用できます。

一時アクセスパス（TAP）

一時アクセスパスは、アカウントの回復時など、設定されている他の認証方法が使用できないときに、一時的なパスワードとして使用できます。TAP は管理者のみが発行できます。なお、SSPR との併用はできません。

ハードウェア OATH トークン

ハードウェア OATH（Initiative For Open Authentication）トークンは、タイムベースのワンタイムパスワード（Time-based One Time Password：TOTP）として、認証用の6桁のコードを生成する物理デバイスを使用した認証方法です。

サードパーティ製のソフトウェア OATH トークン

サードパーティ製のソフトウェア OATH トークンは、タイムベースのワンタイムパスワードとして、認証用の6桁のコードを生成するアプリケーションを使用した認証方法です。この認証方法は、多要素認証の1番目の認証方法としての使用はできません。

音声通話

音声通話での認証では、登録した電話番号に対して電話が発信され、ユーザーが電話のボタンを使用して承認します。この認証方法は、多要素認証の1番目の認証方法としての使用はできません。

▶ メール OTP

メール OTP（One Time Password）では、認証に使用されるコードをユーザーの
メールアドレスに送信します。この認証方法は、SSPR によるパスワードの回復のみ
に使用できます。

▶ 証明書ベースの認証

証明書ベースの認証では、認証にユーザー証明書を使用したパスワードレス認証
ができます。

Microsoft Entra ID の多要素認証

多要素認証とは、認証の下記 3 要素のうち 2 つ以上を組み合わせて認証するこ
とです。Microsoft Entra ID の多要素認証では、Microsoft Authenticator アプリや
FIDO2 セキュリティキーなどを使用することができます。

- 知識情報（パスワードや PIN）
- 所有情報（携帯電話やハードウェアキーのような、簡単に複製できない（信頼で
きる）デバイス）
- 生体情報（指紋や顔など）

パスワードのみを使用した認証では、パスワードの漏えいによるセキュリティリ
スクがあります。多要素認証を取り入れれば、仮にパスワードの漏えいが起こった
としても、携帯電話などのデバイスがないとパスワードだけでは認証が完了しない
のでセキュリティの向上につながります。

▶ セキュリティの既定値群

セキュリティの既定値群は、Microsoft が推奨する基本的なセキュリティ対策を、
確実に有効化するための設定です。デフォルトで次のものを含む機能が有効になり
ます。

- すべてのユーザーに対して多要素認証の登録を必須とする
- 管理者に対して多要素認証の使用を強制する

● リスクに応じてユーザーに多要素認証を求める

　セキュリティ強化を目指す企業にとって、セキュリティの既定値群は優れた設定といえます。ただし、より高度なセキュリティを求める企業の場合、既定値群では要件を満たせないことがあるので注意が必要です（その際には、後述する Microsoft Entra ID の条件付きアクセスを用います）。

▶ Microsoft Entra ID のセルフサービスパスワードリセット

　セルフサービスパスワードリセット（Self-Service Password Reset：SSPR）は、ユーザーが管理者を介さずに、自分のパスワードを安全に変更またはリセットできる機能です。アカウントがロックされたり、パスワードを忘れたりした場合、ユーザーは管理者に問い合わせを行わずに、自身で決められた手順に従ってパスワードをリセットし、サインインすることができます。

　ユーザーが SSPR を使用するには、次の①～③の条件を満たす必要があります。

① 必要な Microsoft Entra ID ライセンスが割り当てられている
② 管理者により SSPR が有効化されている
③ 本人確認のための認証方法ポリシーを設定している

　SSPR を利用するユーザーが初めてサインインしたとき、本人確認で用いる認証方法を選択するよう求められます。

　なお、オンプレミスとクラウドが混在したハイブリッド環境では、SSPR を使用して Microsoft Entra ID のパスワード変更をした場合でも、オンプレミスの AD にパスワードの変更が連携され、（Microsoft Entra Connect のオプション設定でパスワードの書き戻し設定を行った場合）新しいパスワードがすぐに利用できます。

Microsoft Entra ID のパスワード保護・管理機能

　Microsoft Entra ID の機能の１つに、パスワード保護・管理機能があります。グローバル禁止パスワードリストを用いて、ユーザーが脆弱なパスワードや類似するパスワードを設定することを防ぎます。また、独自に禁止したいパスワードがある場合は、カスタム禁止パスワードリストを用いることも可能です。

　このパスワード保護機能では、パスワードポリシーと既知の危険なパスワードの

組み合わせによるチェックだけではなく、そのバリアントチェック（類似性チェック）も行われます。バリアントチェックでは、一般的な文字の置き換えなどが考慮されています。たとえば、「contoso」というパスワードを使用している場合、バリアントでは「C0nt0s0」などもチェック対象となります。

▶ グローバル禁止パスワードリスト

グローバル禁止パスワードリストは、デフォルトで有効になっている禁止パスワードリストです。既知の脆弱なパスワードが含まれており、Microsoft により自動でリストがアップデートされ、これを無効にすることはできません。

▶ カスタム禁止パスワードリスト

カスタム禁止パスワードリストを有効化して、その企業で使用されやすいパスワードを登録し、パスワードとして使えなくすることができます。たとえば、会社名や部署名などはパスワードとして使用するユーザーがいる可能性が高いので、禁止パスワードとして登録することが考えられます。

なお、カスタム禁止パスワードリストを使うには、Microsoft Entra ID（P1 と P2 のいずれも対応）のライセンスが必要です。

▶ ハイブリッドセキュリティ

ハイブリッドセキュリティとは、オンプレミスの AD と Microsoft Entra ID で異なるパスワード保護機能を、Microsoft Entra ID のパスワード保護に統一することです。これにより、オンプレミスの AD にて Microsoft Entra ID のパスワード保護・管理機能を使用することができます。Microsoft Entra ID のグローバル禁止パスワードリストとカスタム禁止パスワードリストをオンプレミスの AD で受け取り、オンプレミス環境に適用します。

なお、パスワード保護・管理機能は、パスワードそのものを強化しますが、それだけでは認証の安全性を高めるには不十分です。多要素認証などをあわせて用いることが重要です。

知識確認テスト

Q1 多要素認証の説明として、正しくないものはどれですか？

A. パスワードと FIDO2 セキュリティキーを使用する
B. パスワードと Microsoft Authenticator アプリを使用する
C. パスワードと秘密の質問を使用する
D. パスワードと OATH ハードウェアトークンを使用する

解説

　多要素認証とは、認証の3要素のうち2つ以上を組み合わせて認証することです。パスワードと秘密の質問は知識情報、FIDO2 セキュリティキー、Microsoft Authenticator アプリ、OATH ハードウェアトークンは所有情報です。Cは同じ知識情報を使用しているので多要素認証ではなく、2段階認証になります。よって、Cが正解です。

[答] C

Q2 会社のヘルプデスクでは、ユーザーからのパスワード変更についての問い合わせに関する作業負担を軽減したいと考えています。どの機能を採用すべきですか？

A. 秘密の質問
B. Microsoft Authenticator アプリ
C. パスワード保護
D. SSPR

解説

　SSPR を使えば、アカウントがロックされたり、パスワードを忘れたりした場合でも、ユーザー自身でパスワードをリセットできるため、ヘルプデスクへの依頼を

減らすことが可能です。よって、D が正解です。A と B は認証方法、C は脆弱なパスワードを設定するリスクを低減する機能であり、ヘルプデスクの作業負担の軽減には直接関係しません。

[答] D

Q3　X 社では、ID の認証の安全性を全般的に高めようとしています。どれが効果的ですか？

　A. 多要素認証を導入する

　B. カスタム禁止パスワードリストを活用する

　C. パスワード保護により強いパスワードを強制する

　D. ハイブリッドセキュリティを導入する

解説

　ID の認証の安全性を全般的に高めるには、多要素認証の導入が有効です。よって、A が正解です。B、C、D は、パスワードをより強固なものにすることができますが、それだけで認証全般の安全性が高まるとは限りません。

[答] A

3.3 Microsoft Entra ID の アクセス管理機能

ここでは、Microsoft Entra ID の高度で優れたアクセス管理機能により、企業の資産を保護する方法について学習します。

Microsoft Entra 条件付きアクセス

Microsoft Entra 条件付きアクセス (以下、条件付きアクセス) は、認証済みのユーザーがデータやアプリケーションなどのリソースにアクセスする前に、さらなるセキュリティ機能を提供します。「もしこうなったら、こうする」という if-then のルール (ポリシー) を作成して、制限を追加します。if-then のルールとは、たとえば、「人事担当者が人事情報データベースにアクセスしようとする場合は、多要素認証を求める」といった制限です。

条件付きアクセスのポリシーの内容は「割り当て」と「アクセス制御」に分かれています。「割り当て」では、そのポリシーに合致するかを判定します。そして、ユーザー、クラウドアプリなどのターゲットリソース、条件 (デバイスプラットフォームや場所など) に合致した場合は「アクセス制御」を実行します。「アクセス制御」では、ブロックや、多要素認証を使用した許可などが実行されます。条件付きアクセスのポリシーには優先順位がなく、設定されたすべてのポリシーが評価されます。

なお、条件付きアクセスの機能を使うには、Microsoft Entra ID (P1 と P2 のいずれも対応) のライセンスが必要です。

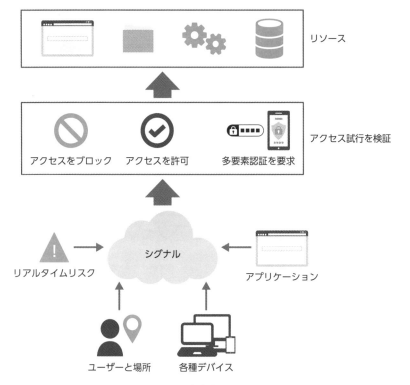

図 3.3-1　条件付きアクセス

条件付きアクセスのポリシーによって、リソースへのアクセスを許可（アクセス権を付与）するかどうかを判定するため、ポリシーが適用されるタイミングは「アクセス権を付与する前」です。

▶ 条件付きアクセスのシグナル

　条件付きアクセスのポリシーを作成する際には、**表 3.3-1** のような項目を設定します。

表 3.3-1 条件付きアクセスの設定項目

項目 (if-then)	対象・条件など		設定内容
割り当て (if)	ユーザー		特定のユーザー、グループ、外部ユーザーなど
	クラウドアプリまたは操作		特定のクラウドアプリまたはユーザー操作
	条件	ユーザーリスク（特定の ID またはアカウントが侵害されている可能性）	必要なユーザーリスクのレベル（高・中・低）
		サインインリスク（特定の認証要求が ID の所有者からのアクセスではない可能性）	リアルタイムリスク検出のリスクレベル（高・中・低・なし）
		デバイスプラットフォーム	Android、iOS、Windows、macOS、Linux
		場所	IP 範囲、国 (IP、GPS)
		クライアントアプリ	先進認証クライアント、レガシー認証クライアント
		デバイスのフィルター	設定したルールに一致するデバイス
アクセス制御 (then)	許可		アクセスのブロック／アクセス権の付与条件（多要素認証の要求など）
	セッション		特定のクラウドアプリによって適用される制限など

Microsoft Entra ID ロールとロールベースのアクセス制御

ロールとは、どのような役割でアクセスできるのかを示す概念です。Microsoft Entra ID は**ロールベースのアクセス制御**（Role Based Access Control：RBAC）を使用します。ロールには、**組み込みロール**と**カスタムロール**の 2 種類があります。

▶ 組み込みロール

Microsoft Entra ID には、固定化されたロールすなわち「組み込みロール」があります。組み込みロールは、次の 3 つに大きく分かれます。

- Microsoft Entra ID 固有のロール
  ユーザー管理者（ユーザーとグループの追加・更新・削除などを行う）や課金管理者（支払い方法の更新などを行う）など、Microsoft Entra ID のリソースだけを管理するアクセス権のロールです。

- サービス固有のロール

  主な Microsoft 365 サービスや Azure DevOps 管理者などの機能を管理する ための、サービス固有のロールです。たとえば、Exchange 管理者はメールボッ クス、Intune 管理者はデバイスポリシーを管理できます。
- サービス間のロール

  複数のサービスで共通して使用するロールです。すべてのサービスに渡るロー ルには、グローバル管理者（すべてを管理可能）とグローバル閲覧者（すべてを 参照可能）の 2 つがあります。

　セキュリティ管理者やセキュリティ閲覧者など、複数のセキュリティサービスに対 するセキュリティ関連のロールもあります。たとえば、Microsoft Entra ID でセキュ リティ管理者のロールを使用すると、Microsoft Entra ID Protection や、Microsoft Defender XDR などを管理できます。

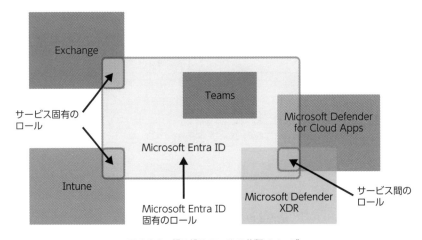

図 3.3-2　組み込みロールの分類イメージ

>> POINT!

セキュリティ管理者などのサービス間のロールは、個々のサービスごとに付与する 必要はありません。

▶ カスタムロール

組み込みロールが企業のニーズを満たさない場合、独自のカスタムロールを定義してユーザーに割り当てることができます。カスタムロールの定義は、既存の組み込みロールをベースに使用し、必要に応じて変更できます。カスタムロールを使えば、組織全体のリソースへのアクセス権をユーザーに与えたり、単一のアプリケーションごとにアクセスを許可したりすることも可能です。

各種の管理者ロールの付与は、特別なアクセス権（特権）を与えることになるため、必要最小限のロールに留めるのが安全です。これを、**最小特権（最小権限）の原則**といいます。たとえば、ユーザーを管理する必要がある場合は、グローバル管理者ではなく、ユーザー管理者のロールを割り当てるようにします。

> **POINT!**
>
> 問題の選択肢に、不必要に高い権限のロールが付与されているような記述があれば、最小特権（最小権限）の原則にもとづいて誤りを判断します。

▶ Azure RBAC

ロールベースのアクセス制御は、Microsoft Entra ID ロールだけではなく、Azure リソースロールでも使用されます。これを **Azure RBAC** といいます。

表 3.3-2　Microsoft Entra ID ロールと Azure RBAC

Microsoft Entra ID ロール	Azure RBAC ロール
スコープはテナントレベル	スコープは複数のレベル (Azure 階層)
Microsoft Entra ID オブジェクトへのアクセスを管理する	Azure リソースのアクセスを管理する

> **POINT!**
>
> **Azure 階層とは**
>
> リソースは「管理グループ」、「サブスクリプション」、「リソースグループ」、「リソース」の順で構成されており、これらを「Azure 階層」といいます。上位の階層で設定された Azure RBAC は下位の階層に継承されます。たとえば、サブスクリプションに所有者ロールとして設定されたアカウントは、その配下のリソースグループとリソースに継承されます。

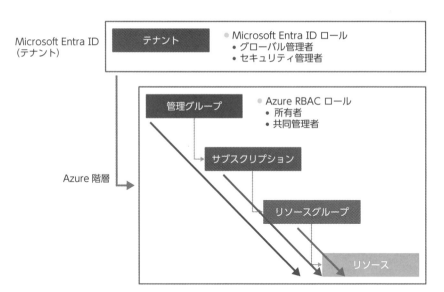

図 3.3-3　Microsoft Entra ID RBAC と Azure RBAC

知識確認テスト

Q1　条件付きアクセスを実装する場合、最初に行うべきことは何ですか？

    A. 多要素認証を強制する

    B. 条件付きアクセスが利用できるようアプリケーションを修正する

    C. ユーザーに対してロールを割り当てる

    D. 自社の運用規則に沿ったポリシーを作成する

解説

　条件付きアクセスを実装するには、「もしこうなったら、こうする」という if-then のルール（ポリシー）の作成が必要です。よって、D が正解です。A は条件により決定するものであり、B と C は条件付きアクセスの実装とは関係ありません。

[答]　D

Q2　サインインリスクの説明として、適切なものはどれですか？

    A. 特定の認証要求が ID の所有者からのアクセスではない可能性

    B. ID の所有者が特定のデバイスを所有している可能性

    C. サインインで誤ったパスワードを入力する可能性

    D. サイバー攻撃の兆候を表す確率

解説

　サインインリスクとは、あるサインインまたは認証要求が、ID の所有者からのアクセスではない可能性のことをいいます。よって、A が正解です。

[答]　A

Q3 Microsoft Entra ID ロールの割り当てにおいて、セキュリティが強化されるのはどれですか？

 A. できるだけカスタムロールを使用する

 B. アプリケーション管理者にグローバル管理者のロールを割り当てる

 C. ユーザー管理者に割り当てられたグローバル管理者のロールを見直す

 D. 多要素認証を必須にする

解説

　ユーザー管理者には、必要最小限の特権（ユーザー管理者のロール）が割り当てられるべきです。よって、C が正解です。A は定義の内容次第であり、必ずしもカスタムロールが安全とは限りません。B は必要以上の特権が付与されてしまいます。D は、ロールの割り当てとは関係ありません。

[答] C

3.4 Microsoft Entra ID の ID 保護・ガバナンス機能

ここでは、Microsoft Entra Privileged Identity Management（PIM）や、Identity Protection などによる、ID 保護・ガバナンス機能について学習します。

ID ガバナンス

Microsoft Entra ID の **ID ガバナンス**は、オンプレミス環境とクラウド環境において、従業員や外部ユーザーの ID に対する 3 つの管理、すなわち「ID のライフサイクル管理」、「アクセスのライフサイクル管理」、および「特権アクセスの管理」を実現します。

▶ ID のライフサイクル管理

ID のライフサイクル管理は、ID の発行から権限の付与、定期的なアクセス権の割り当て確認、不要になったら削除するまでの管理のことで、ID ガバナンスを進める上で、最も基本的なことです。たとえば、従業員の ID のライフサイクルには「採用、異動、退職」があり、採用時に新しい ID を発行します。そして、従業員が部署を異動する際は、必要に応じて、ID にアクセス権を追加または削除します。また、退職時には速やかにアクセス権を削除するとともに、ID の無効化や削除を行う必要があります。

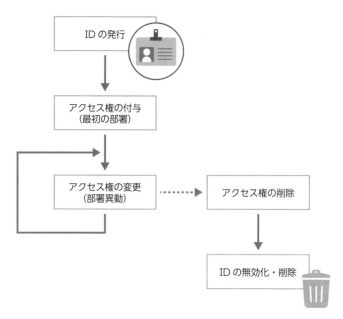

図 3.4-1　ID とライフサイクル

　一般的に企業の人事システムでは、従業員の名前や所属部署などの各種情報を管理しています。これらの情報は ID のライフサイクルでも必要となるため、入力操作の負担軽減と、内容の整合性の確保が課題となります。よって、人事システムの機能と ID のライフサイクル管理を連携した一連の仕組みづくりが求められます。たとえば、従業員の新規採用や異動の際に、人事システムから Microsoft Entra ID のユーザーアカウントへ名前や所属部署などの関連情報を反映します。

▶ アクセスのライフサイクル管理

　アクセスのライフサイクル管理とは、従業員の雇用期間中に、アクセス権の適切な付与と削除を行うことです。従業員が入社してから退職するまでの間、その役割と責任に応じてリソースへのアクセスを制限します。

▶ 特権アクセスの管理

　権限の高い特権は、厳密な管理が求められます。**特権アクセスの管理**では、特権によるリソースへのアクセスを、必要最小限に抑えることが重要です。

　Microsoft Entra ID では、特権が必要となったときに、後述する Privileged Identity

Management（PIM）（P.64 参照）を使って、限定した期間だけ特権を付与すること
ができます。PIM は、Microsoft Entra ID だけでなく、Azure や Microsoft オンライ
ンサービス全体で、包括的に利用することが可能です。

資格管理、アクセスレビュー、利用規約

▶ 資格管理（エンタイトルメント管理）

　大規模な企業・組織では、ユーザー数が非常に多くなるため、一般的に ID やアク
セスのライフサイクルの管理が難しくなります。**エンタイトルメント管理**は、ゲス
トの招待とアクセス権の付与をプロセス化します。このエンタイトルメント管理を
使用すると、各自がアクセスパッケージにアクセスして、承認フローに従ってアク
セス権が付与されます。

　業務の内容に応じて、必要なロールや承認フロー、アクセスレビューの要否など
の各種設定をアクセスパッケージとして登録しておきます。それをユーザーに割り
当てることで、必要な設定を一括で漏れなく行うことができ、管理が効率的になり
ます。

　なお、この機能を使うには、Microsoft Entra ID P2 のライセンスが必要です。

▶ アクセスレビュー

　アクセスレビューとは、アクセス権のはく奪をプロセス化したものです。具体的
には、定期的に担当者やユーザーに対して、既存のグループやアプリケーションな
どの利用を継続するかの判断を依頼し、そのレビュー結果を反映することができる
機能になります。アクセスレビューを用いることで、ユーザーのアクセス権の棚卸
（実態調査）をすることができます。特に、重要データに対する継続的なアクセスの
必要性を確認する場合に効果的です。

　なお、この機能を使うには、Microsoft Entra ID P2 のライセンスが必要です。

▶ 利用規約（使用条件）

　Microsoft Entra ID の利用規約（**使用条件**）は、ユーザーがデータやアプリケー
ションにアクセスする前に、法律またはコンプライアンス要件に関する免責事項な
どを当該ユーザーに提示する機能です。具体的には、利用規約の PDF を登録して条
件付きアクセスを使用して表示します。たとえば、重要データへユーザーがアクセ

スする際や、ユーザーに対して規則の再通知が必要なタイミングで、許諾事項を示し、それに対する承諾を求めるために用いられます。

Microsoft Entra Privileged Identity Management の機能

　Privileged Identity Management（以下、PIM）は、特権が付与された ID を管理する Microsoft Entra ID のサービスです。PIM は、アクセス権の過剰付与や誤用などのリスクを軽減します。具体的には、Microsoft Entra ID のロールもしくはリソースに対して、必要な権限を必要なときに、各自でアクティブ化を行い限られた時間のみ付与します。アクティブ化では承認プロセスを入れたり、MFA を要求することができます。

　なお、この機能を使うには、Microsoft Entra ID P2 のライセンスが必要です。

　PIM の主な機能は次のとおりです。

- リソースに対して一時的に必要な特権アクセスを付与する
- 開始日と終了日を設定した期限付きアクセス権をリソースに割り当てる
- 特権ロールをアクティブ化するために承認を要求する
- ロールをアクティブ化するために多要素認証を強制する
- 特権ロールがアクティブ化されたときに通知を受ける
- ユーザーに特権が必要であるか否かを確認するためにアクセスレビューを実施する
- 内部監査または外部監査に使用する監査証拠をダウンロードする

> **POINT!**
>
> PIM は、承認にもとづいた特権 ID の付与と、その正当性がチェックできる特権管理の仕組みを提供します。

Microsoft Entra ID 保護（Microsoft Entra Identity Protection）

Microsoft は、日々、膨大な数のセキュリティシグナルを分析し、潜在的な脅威を特定しています。セキュリティシグナルは、Microsoft Entra ID を使用する企業や、Microsoft アカウントを使用する一般顧客の利用データなどをもとに生成されます。Microsoft Entra Identity Protection（以下、Identity Protection）では、ユーザーリスクやサインインリスクを3段階（低、中、高）のいずれかのリスクレベルとして検出します。それらのリスクレベルに対応したポリシーを作成して制御することができます。Microsoft Entra ID 条件付きアクセスでは、レベルに応じたアクセス権の付与条件（多要素認証を要求するなど）が設定可能です。

Identity Protection が識別できるリスクには、匿名 IP アドレスやマルウェアに関連した IP アドレス、特殊な移動（地理的に離れた場所で行われたサインイン）、通常とは異なるサインイン属性（過去のサインイン履歴を考慮した異常の検出）、漏えいした資格情報、パスワードスプレーなどがあります。

また、Identity Protection を使ってリスクの調査に使用できるレポートとして、危険なユーザー、危険なワークロード ID、危険なサインイン、リスク検出の4種類があります。これらに表示された内容からセキュリティ侵害の可能性を確認し、必要なアクションにつなげることができます。

なお、Identity Protection の機能を使うには、Microsoft Entra ID P2 のライセンスが必要です。

知識確認テスト

Q1　大手企業の X 社では、従業員の部門異動が頻繁に行われ、従業員が複数部門を兼務することも少なくありません。X 社は、ユーザーのアクセス権の管理に課題を抱えています。どの機能を用いるべきですか？

　　　A. Microsoft Entra ID 保護

　　　B. 使用条件

　　　C. エンタイトルメント管理

　　　D. 条件付きアクセス

解説

　資格管理（エンタイトルメント管理）を用いることで、大規模な組織が ID やアクセスのライフサイクルを適切に管理することが可能になります。よって、C が正解です。A、B、D は、いずれもアクセス権の管理に関する課題を解決するものではありません。

[答] C

Q2　ユーザーが特定のアプリケーションにアクセスする前に法的免責事項に同意することを、確認する必要があります。どの機能を用いるべきですか？

　　　A. Microsoft Entra Privileged Identity Management

　　　B. 使用条件

　　　C. エンタイトルメント管理

　　　D. アクセスレビュー

解説

　ユーザーがデータやアプリケーションにアクセスする前に、法律またはコンプライアンス要件に関する免責事項が記載された利用規約（使用条件）を当該ユーザーに提示して、承諾を求めることができます。よって、B が正解です。A、C、D には、ユーザーに承諾を求めるような機能はありません。

[答] B

Q3 セキュリティ監査を実施した結果、退職者のアカウントが削除されずに残っていたり、必要以上の特権を持つユーザーが存在しているという指摘を受けました。これを是正するには、どの機能を用いるべきですか？

A. PIM
B. アクセスレビュー
C. エンタイトルメント管理
D. ID のライフサイクル管理

解説

　アクセスレビューは、アクセス権の過剰付与や誤用などのリスクを軽減します。よって、B が正解です。A、C、D は、いずれもアクセスレビューに比べると是正の効果はありません。

[答] B

Q4 ユーザーのアカウントが不正に使われていないかどうか、リスクを把握したい場合、どの機能を用いるべきですか？

A. PIM
B. Identity Protection
C. エンタイトルメント管理
D. アクセスレビュー

解説

　Microsoft Entra ID 保護（Identity Protection）は、ID に関するさまざまなリスク
を検出します。よって、B が正解です。A、C、D には、リスクを検出する機能はあり
ません。

[答] B

第4章

Microsoft セキュリティ ソリューションの機能

本章では、Azure の基本的なセキュリティ機能と、クラウドセキュリティ全体を管理するための機能を説明します。

4.1　Azure の基本的な セキュリティ機能

　ここでは、基本的なセキュリティ機能として、DDoS 保護、Azure Firewall、Azure ネットワークセキュリティグループなどについて学習します。また、暗号化を用いてデータを保護する方法についても確認します。

Azure の DDoS 保護

　企業規模の大小を問わず、あらゆる企業がネットワークを経由したサイバー攻撃の脅威に晒されています。その典型的な攻撃の 1 つが、Bot を使用したサービス拒否（Denial of Service：DoS）攻撃です。

　Bot とは、コンピュータを外部から遠隔操作する不正なプログラムのことです。Bot に感染したコンピュータの集まりを Bot ネットワークといい、攻撃者が Bot ネットワークに命令を出して大量のトラフィックをサーバーに送り付ける攻撃や迷惑メールの送信などを行います。

▶ 分散型サービス拒否（DDoS）攻撃

　DDoS（Distributed Denial of Service）**攻撃**は、インターネットに公開されているサーバーに対して大量のネットワークトラフィックを送信して、サービスの提供を妨害します。

　表 4.1-1 に示すように、DDoS 攻撃の手口は大きく 3 つに分かれます。

表 4.1-1　DDoS 攻撃の手口

攻撃手口	概要
ボリューム攻撃	インターネットにつながった多数のコンピュータ機器を使って、攻撃対象のサーバーへ大量の通信トラフィック（リクエスト）を送信します。サーバーはリクエストに応答できなくなり、リクエストの再送が繰り返されます。その結果、ネットワークが輻輳状態となり、正規のユーザーからのアクセスが困難となります。
プロトコルを狙った攻撃	プロトコル（通信手順）の脆弱性（欠陥など）を悪用して、サーバーのリソース（メモリやポートなど）を枯渇させたり、例外処理（エラーなど）を引き起こしてシステムをダウンさせたりします。
アプリケーション層攻撃	リクエストを処理する上位層のアプリケーションでは、非常に多くのリソースを消費します。アプリケーションの脆弱性を悪用して攻撃すれば、より少ない通信トラフィック量でリソースを枯渇させることができます。

▶ Azure DDoS Protection

　Azure DDoS Protection は、ネットワークの通信トラフィックから攻撃者の不正なアクセスを識別し、当該アクセスが Azure の各種リソースに到達しないよう遮断します。なお、利用者からのアクセスは、正しく Azure リソースに送られます。

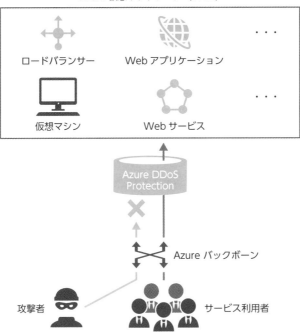

図 4.1-1　Azure DDoS Protection によるネットワーク保護

Azure Firewall

Azure Firewall は、Azure 仮想ネットワーク（VNet）のリソースを保護するクラ
ウドベースのファイアウォールです。Azure Firewall をネットワーク中央に設置す
ることで、すべての通信トラフィックを集中的に保護することができます。また、
Azure Firewall はトラフィック量に応じて自動的にスケーリングされるので、ピー
ク時の負荷を事前に考慮する必要がありません[※1]。

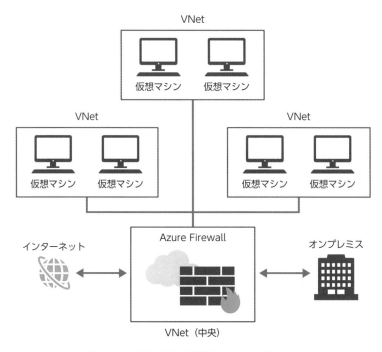

図 4.1-2　中央の VNet に設置した Azure Firewall

Azure Firewall には、**表 4.1-2** のような機能があります。

表 4.1-2 Azure Firewall の主な機能

機能	内容
パブリック IP アドレス管理	複数のパブリック IP アドレスを Azure Firewall に関連付けることができます。
高可用性および可用性ゾーン	可用性を高めるために、Azure Firewall を複数の可用性ゾーン（Azure リージョン内の物理的に独立したゾーン）に渡って設定することができます。
脅威インテリジェンス	脅威インテリジェンスを用いたフィルタリングを使用することで、既知の脅威となる IP アドレスや攻撃手法などの情報に合致したトラフィックに対して、アラートやブロックを行うことができます。
ネットワークおよびアプリケーションレベルのフィルタリング	送信元と送信先の IP アドレス、ポート番号、プロトコルの種類を基準として、通信トラフィックを許可／拒否するフィルタリングのルールを一元的に設定します。
インターネット通信のための送信 SNAT および受信 DNAT	NAT（Network Address Translation）は、プライベート IP アドレスとパブリック IP アドレスを相互に変換する技術です。送信 SNAT は、VNet からインターネットへ送信する通信トラフィックに対して、送信元 IP アドレスを、Azure Firewall に設定されたパブリック IP アドレスに変換します。受信 DNAT はその逆で、インターネットから受信する通信トラフィックに対して、送信先 IP アドレスを VNet のプライベート IP アドレスに変換します。
Azure Monitor との統合	Azure Firewall が検知したセキュリティイベントを、Azure Monitor（Azure 上で提供されるシステム監視のマネージドサービス）に統合し、Azure Firewall の稼働状況のデータ収集、分析、および措置を行うことができます。

※ 表中の「Azure リージョン」とは、Azure のデータセンターを設置している独立した地域を示します。Azure では、世界中に多くのリージョンが設けられており、日本には東日本と西日本の 2 つのリージョンがあります。

Azure Firewall では、インバウンド通信およびアウトバウンド通信を制御することができます。たとえば、Office 365 アプリケーション（SharePoint Online へのトラフィックなど）へのアウトバウンド通信ならば、アプリケーションルールに FQDN タグが用意されているので容易に制限することもできます。

>> POINT!

後述の NSG（本節「Azure ネットワークセキュリティグループ」の項で説明）も Azure Firewall と同様にネットワークトラフィックの制御を行いますが、NAT による IP アドレスの変換はできません。

Web アプリケーションファイアウォール

　既知の脆弱性を悪用するサイバー攻撃の標的として、Web アプリケーションが狙われるケースが増えています。

　Web アプリケーションファイアウォール（Web Application Firewall：**WAF**）は、一元的に Web アプリケーションを保護します。そのため、これを利用すれば、Web アプリケーションごとの個別の対処が不要になり、管理の効率化が図れます。

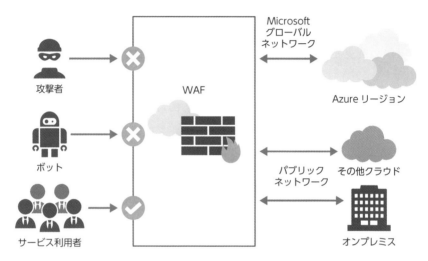

図 4.1-3　WAF による集中的な保護

Azure VNet でのセグメント化

　Azure のプライベートネットワークを構築するには、仮想ネットワーク（VNet）を作成します。仮想ネットワークはそれぞれ独立しており、異なる VNet と通信するには、「VNet ピアリング」などを使用して VNet 間を接続します。このとき重要になるのが IP アドレスの設計です。その理由の 1 つとして、重複したアドレスが存在する場合、VNet 間の接続ができないことが挙げられます。

　VNet には、必ずサブネット（セグメント）を作成する必要があります。サブネットに対して、後述するネットワークセキュリティグループによるネットワークトラフィックの制御を関連付けることで、セグメントごとにセキュリティ対策を行えます。たとえば、セグメントごとにアクセスできる範囲を細かく設定し、想定するト

ラフィック以外をフィルタリングすることで、インシデント時の被害の拡大を最小限にとどめることができます。

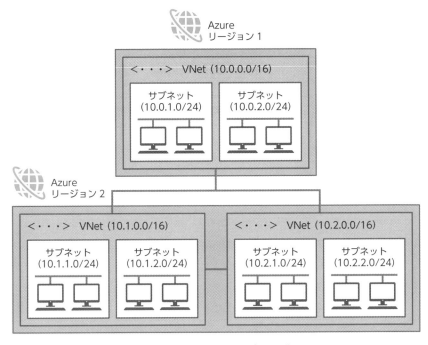

図 4.1-4　VNet によるセグメント化

Azure ネットワークセキュリティグループ

　Azure ネットワークセキュリティグループ（Azure Network Security Group。以下、NSG）は、送受信する通信トラフィックを許可または拒否するセキュリティ規則を設定し、VNet 内のリソース間での通信トラフィックをフィルタリングします。

　VNet 内のサブネットには、1 つの NSG のみ割り当てることができます。VNet 内の複数のサブネットに同じ NSG を割り当てたり、同じ NSG をリージョン内で再利用したりすることも可能です。

　図 4.1-5 では、オンプレミスに接続した 2 つのサブネットを持つ VNet があり、各サブネットには仮想マシンが設置されています。上段のサブネット（10.0.1.0/24）には NSG が割り当てられており、これにより仮想マシンへの通信トラフィックをフィルタリングできます。

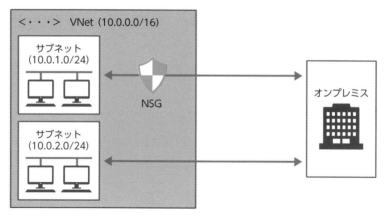

図 4.1-5　NSG による保護

▶ 送信および受信のセキュリティ規則

　NSG には送信セキュリティ規則と受信セキュリティ規則があります。その名のとおり、送信セキュリティ規則は送信時に評価されるセキュリティ規則で、受信セキュリティ規則は受信時に評価される規則です。それぞれの規則では、送信元（ソース情報）、ソースポート範囲、宛先、宛先ポート、プロトコルの情報を使用してネットワークトラフィックの制御を行います。NSG で作成したルールには優先度が設定され、優先度の高いものから順に評価されます。

　また NSG は、通信の開始時にフローレコードを作成します。このレコードには、送信元 IP アドレス、送信先 IP アドレス、ポート、プロトコルなどの情報が含まれます。このフローレコードにより、通信の状態を追跡できます。

　たとえば、送信セキュリティ規則でポート 80 経由の通信を許可した場合、受信セキュリティ規則を指定する必要はありません。

　フローレコードにより、通信が外部から開始された場合は、受信セキュリティ規則のみを指定する必要があります。逆も同様です。

　なお接続を許可したセキュリティ規則を削除しても、既存の接続は中断されません。新しい接続にのみ影響します。既存の接続は、新しい規則では再評価されません。

　このような一連の機能により、ステートフルな制御が可能となります。

　具体的には、受信セキュリティ規則に RDP の 3389 を許可する設定を行った場合、その返答トラフィック制御のためのルールを送信セキュリティ規則に記述する必要はありません。

　各規則には、**表 4.1-3** の属性を指定します。

表 4.1-3　セキュリティ規則の属性

属性	内容
方向	送信または受信、どちらのセキュリティ規則に適用するかを選択します。
名前	「AllowVNetInBound」のように、その目的を示す一意の名前を付けます。
優先度	各規則は、優先度の高い（値の小さい）順に評価されます。通信トラフィックが規則に一致すると、許可または拒否のアクションを実行します。アクションが実行されると、より優先度の低い（値の大きい）規則は評価されません（すでに評価対象の通信トラフィックのアクションを実行しているため）。
送信元または送信先	特定の IP アドレスや IP アドレスの範囲、サービスタグ（特定の Azure サービスの IP アドレスを示すグループ名）などを指定します。
ポート	特定のポート番号、またはポート番号の範囲を指定します。
プロトコル	TCP、UDP、ICMP、Any（すべて）などを指定します。
アクション	許可または拒否を指定します。

　セキュリティ規則には、一定のセキュリティレベル（ベースライン）を確保するため、**既定の規則**すなわち「既定の受信セキュリティ規則」（**図 4.1-6**）と「既定の送信セキュリティ規則」（**図 4.1-7**）が自動で作成されます。なお、既定の規則を削除することはできません。

　また、新規に追加する規則を有効にするには、当該規則の優先度を、既定の規則の優先度よりも高く（値を小さく）設定する必要があります。

優先度 ↑↓	名前 ↑↓	ポート ↑↓	プロトコル ↑↓	ソース ↑↓	宛先 ↑↓	アクション ↑↓
65000	AllowVnetInBound	任意	任意	VirtualNetwork	VirtualNetwork	⊘ Allow
65001	AllowAzureLoadBalan···	任意	任意	AzureLoadBalancer	任意	⊘ Allow
65500	DenyAllInBound	任意	任意	任意	任意	⊗ Deny

図 4.1-6　既定の受信セキュリティ規則

優先度 ↑↓	名前 ↑↓	ポート ↑↓	プロトコル ↑↓	ソース ↑↓	宛先 ↑↓	アクション ↑↓
65000	AllowVnetOutBound	任意	任意	VirtualNetwork	VirtualNetwork	⊘ Allow
65001	AllowInternetOutBound	任意	任意	任意	Internet	⊘ Allow
65500	DenyAllOutBound	任意	任意	任意	任意	⊗ Deny

図 4.1-7　既定の送信セキュリティ規則

》》POINT!

既定の規則は、受信および送信のそれぞれに 3 つの規則が設定され、これらは削除できません。また、規則の優先度を高くするには、当該規則の優先度の値を小さく設定します。

▶ NSG と Azure Firewall

　NSG は、VNet ではなく VNet 内のサブネットと、そのサブネットにデプロイされている仮想マシンの NIC に関連付けることができます。これにより、VNet 内のネットワークトラフィックが制御可能となります。また、Azure Firewall は組織全体のネットワークトラフィック制御を行えます。これは VNet 間のトラフィック制御ができることを意味します。

　Azure の VNet は、VNet ピアリングや VPN ゲートウェイを使用して接続することができます。Azure Firewall で VNet 全体のネットワークトラフィック制御を行うためには、ネットワークトポロジーを考慮する必要があります。一般的に Hub-Spoke トポロジーを選択して、すべてのネットワークトラフィックが Hub VNet を経由するネットワーク経路を構成します。そして、Hub VNet に Azure Firewall 専用サブネットを作成して Azure Firewall をデプロイします。

▌Azure Bastion と Just-In-Time VM アクセス

　各種システムの開発や保守を行う従業員や、在宅勤務の一般社員は、外部ネットワークからのリモートアクセスが必要になることがあります。そのため、外部に公開するファイアウォールでは、リモートデスクトッププロトコル（RDP）や Secure Shell（SSH）の通信トラフィックを例外的に通過させる設定を行い、リモートアクセスを許可することがあります。しかし、この場合、攻撃者が RDP や SSH のプロトコルの脆弱性を悪用し、内部ネットワークに不正侵入するというリスクが高まります。

▶ Azure Bastion

　Azure Bastion は、ブラウザと Azure Portal（Azure の統合管理ツール）を使用して、安全なリモートアクセスを実現するサービスです。このサービスでは、仮想マシンへパブリック IP アドレスを関連付けたり、エージェント（ソフトウェア）などをインストールしたりする必要はありません。

　図 4.1-8 に示すように、Azure Portal は、外部ネットワークから TLS（Transport Layer Security）のプロトコルを用いて Azure Bastion とセキュアな通信を行います。そして RDP や SSH などのプロトコル変換を行って仮想マシンへ接続することが可能です。

　なお、Azure Bastion は VNet ピアリングをサポートしているので、Hub-Spoke や

フルメッシュ構成[※2] の VNet トポロジーを構成して仮想マシンとのリーチャビリティ（接続性）のある VNet 内に配置します。複数の VNet があり、それらの VNet 間の接続がない場合は、Azure Bastion をそれぞれの VNet に配置する必要があります。

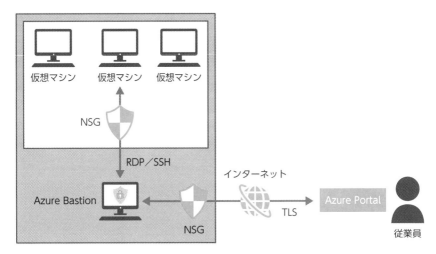

図 4.1-8　Azure Bastion を使用したリモートアクセス

▶ Just-In-Time VM アクセス

Just-In-Time VM アクセス（**JIT**）は、リモートアクセスによる仮想マシンへの接続を必要なタイミングだけに限定し、ユーザーからの通信トラフィックを許可（それ以外は拒否）します。後述する Microsoft Defender for Cloud（4.2 節で説明）で JIT を使用すれば、ユーザーが仮想マシンへのアクセス権を持つ場合に、通信トラフィックのポートやプロトコルなどに対して、一時的に NSG および Azure Firewall のセキュリティ規則を変更（許可）し、指定時間が経過したときに元の規則（拒否）に戻すことが可能です。

> **POINT！**
>
> Azure Firewall で保護される仮想マシンの設定は、Azure Firewall クラシックルールと Azure Firewall Manager を使用したポリシーで制御することができます。JIT では、Azure Firewall はクラシックルールのみ対応しています。

※2　フルメッシュ構成：各 VNet が自分以外のすべての VNet と接続している構成。

Azure でデータを暗号化する方法

重要な情報を保護する手段の１つがデータの暗号化です。Azure には、**表 4.1-4** のような暗号化の方法があります。

表 4.1-4　Azure での暗号化

暗号化の方法	概要
Azure Storage Service Encryption	Azure で管理されているストレージアカウント（ディスクドライブ、Azure Blob Storage、Azure Files、Azure Queue Storage など）のデータを暗号化します。
Azure Disk Encryption	Windows の標準機能である BitLocker と、Linux に備わっている dm-crypt を使用して、仮想マシンの OS が管理するディスクドライブを暗号化します。
透過的なデータ暗号化 （Transparent Data Encryption：TDE）	アプリケーションに変更などを加えることなく、データベース（Azure SQL Database など）やバックアップ、トランザクションログなどのデータを暗号化します。

▶ Azure Key Vault

Azure Key Vault は、Microsoft Entra ID で認証されるユーザーやアプリケーションの秘密情報（トークン、パスワード、証明書、API キーなど）を一元的に保存・管理するサービスであり、**表 4.1-5** のような機能を持ちます。

表 4.1-5　Azure Key Vault の機能

機能	概要
シークレットの管理	トークン、パスワード、証明書、API キー、その他の秘密情報を安全に保管し、それらへのアクセスを細かく制限できます。
キー管理	データの暗号化に使用される暗号鍵の生成・管理を行います。
証明書の管理	TLS/SSL（Transport Layer Security / Secure Sockets Layer）証明書を管理します。
ハードウェアセキュリティモジュール（HSM）によってサポートされているシークレットの保存	シークレットとキーは、ソフトウェアまたは FIPS140-2 レベル 2 検証済み HSM で保護することができます。これは、Azure Key Vault Premium の機能です。

知識確認テスト

Q1 仮想マシンへの通信トラフィックをフィルタリングするために NSG を構成しました。アプリケーション開発を担当する従業員に対して、RDP による通信トラフィックを許可したいのですが、既定の規則でリモートアクセスからの受信トラフィックがすべて拒否されてしまいます。どのようにセキュリティ規則を設定すべきですか？

A. 既定の規則を削除する

B. RDP を許可する規則はリスクがあるため設定できない

C. RDP を許可する規則の優先度の値を、既定の規則より大きくする

D. RDP を許可する規則の優先度の値を、既定の規則より小さくする

解説

既定の規則の優先度よりも小さい値を設定することで、RDP を許可する規則の優先度を高めることができます。よって、D が正解です。既定の規則を削除することはできないので、A は不適切です。B の「RDP を許可する規則」はリスクに関係なく設定可能です。C は優先度が低くなるので、既定の規則で拒否されてしまいます。

[答] D

Q2 アプリケーションの内部処理で利用する秘密情報を Azure 内で一元的に管理したい場合、どの機能を用いるべきですか？

A. 透過的なデータ暗号化 (TDE)

B. Azure Key Vault

C. Azure Disk Encryption

D. Azure Portal

解説

　Azure Key Vault は、Microsoft Entra ID で認証されるユーザーやアプリケーショ
ンの秘密情報 (トークン、パスワード、証明書、API キーなど) を一元的に保存・管
理するサービスです。よって、B が正解です。A の「透過的なデータ暗号化 (TDE)」
と C の「Azure Disk Encryption」は、Azure でデータを暗号化する方法です。D の
「Azure Portal」は、Azure の統合管理ツールです。

[答] B

Q3　Azure Firewall を使用して保護できるリソースはどれですか？ 最も適切
なものを 2 つ選択してください。

　A. Microsoft Entra ID のユーザー
　B. Microsoft Exchange Online のメールボックス
　C. Azure 仮想ネットワーク
　D. Microsoft SharePoint Online のサイト

解説

　Azure Firewall ではネットワークアクセスを保護することができます。よって、
Azure 仮想ネットワークと Microsoft SharePoint サイトを保護することができるの
で C と D が正解です。

[答] C、D

Q4　Azure Bastion の説明として間違っているものはどれですか？

　A. 仮想ネットワークごとに Azure Bastion を作成する (それぞれの仮
想ネットワークは接続されていない)
　B. Azure Bastion はユーザーに RDP を使用したセキュアな接続を提供
する
　C. Azure Bastion は Azure Portal からセキュアな Azure の仮想マシ
ンへの接続を提供する

D. Azure Bastion はストレージアカウントへのセキュアな接続を提供する

解説

Azure Portal から Azure Bastion に TLS（443）暗号化通信し、RDP や SSH へプロトコル変換して仮想マシンに接続します。ストレージアカウントへの接続はサポート外です。よって、D が正解です。

[答] D

4

4.2 Microsoft Defender for Cloud のセキュリティ管理機能

Microsoft Defender for Cloud（MDC）は、主要な 3 つの機能である、DevOps セキュリティ管理の統合、クラウドセキュリティの態勢管理（CSPM）、クラウドワークロード保護（CWP）を組み合わせて、クラウド環境のセキュリティを強化するとともに、オンプレミスおよびマルチクラウドの環境を含めた情報システム全体のセキュリティを維持・改善する仕組みを提供します。

本節では、クラウドセキュリティの態勢管理（CSPM）とクラウドワークロード保護（CWP）について学習します。

> **POINT!**
>
> Microsoft Defender for Cloud は、Azure だけでなく、オンプレミス環境や他のクラウドプラットフォーム（AWS、GCP など）のリソースも保護することができます。

▶ Microsoft セキュリティソリューションとの関係

MDC を使用することでクラウド環境の保護をメインとしたセキュリティ環境の構築ができますが、Microsoft セキュリティソリューションを組み合わせれば、より広範囲なセキュリティ環境を構築することができます。

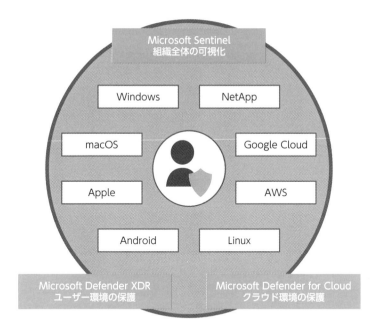

図 4.2-1 Microsoft セキュリティソリューションとの関係

XDR（eXtended Detection & Response）は、EDR（Endpoint Detection & Response）を進化させたコンセプトであり、エンドポイントだけではなくワークロード全般を監視対象とする点が特徴です。本書執筆時点（2024 年 3 月）時点で Microsoft セキュリティソリューションとしての XDR を提供しているのは、Microsoft Defender for Cloud と Microsoft Defender XDR です。

クラウドセキュリティの態勢管理

企業の IT インフラストラクチャは、オンプレミスとクラウドが混在した環境ではセキュリティの管理がより困難になります。特にクラウド環境では、リソースの設定ミスなどの脆弱性を狙ったサイバー攻撃も増えています。そうしたセキュリティリスクを低減するための新しい仕組みが、クラウドセキュリティの態勢管理（Cloud Security Posture Management：CSPM）です。

MDC が提供する CSPM のプランと機能を**表 4.2-1** に示します。

表 4.2-1　CSPM のプランと機能

基本的な CSPM（無料）	Defender CSPM（5$/ 対象リソース / 月）
● クラウドリソースのセキュリティ構成の継続的な評価 ● セキュリティに関する推奨事項 ● インベントリ ● セキュリティスコア ● データのエクスポート / ワークフローの自動化 ● Microsoft クラウドセキュリティベンチマーク	● ガバナンス ● 規制コンプライアンス ● クラウドセキュリティエクスプローラー ● 攻撃パスの分析 ● 仮想マシンのエージェントレススキャン ● Kubernetes のエージェントレススキャン ● コンテナーレジストリの脆弱性スキャン ● データ対応のセキュリティ態勢

＊ Defender CSPM は基本的な CSPM の機能を含みます。

▶ セキュリティスコア（セキュアスコア）

　セキュリティスコアは、システムの構成、ユーザーのアクティビティ、その他セキュリティ関連の状態を数値化したものです。MDC は、セキュリティ状態の可視化およびセキュリティ管理の効率化のために、継続的にセキュリティスコアを評価します。このセキュリティスコアを組織のセキュリティ態勢の指標として使用することができます。セキュリティスコアを上げることがセキュリティ態勢の向上につながります。

　セキュリティスコアは、後述する Microsoft Defender XDR サービス（4.4 節内「Microsoft Defender XDR サービス」の項で説明）でも用いられますが、MDC とは評価方法が異なります。MDC には、後述の「Microsoft クラウドセキュリティベンチマーク」という基準があり、その基準に準拠した構成を適用しているかが評価の指標になります。

▶ 推奨事項

　セキュリティスコアを向上させるためには、さまざまなセキュリティ対策を実施する必要があります。MDC では、そのための推奨事項が提示されます。提示されたセキュリティ対策を実施した場合の最大スコア数やスコア上昇の可能性がパーセントで表示されるので、セキュリティ対策の優先順位を判断する指標として使用できます。

図 4.2-2　Microsoft Defender for Cloud の推奨事項

クラウドワークロード保護

　Microsoft Defender for Cloud のクラウドワークロード保護（CWP）は、ワークロード（企業が管理する機能やサービス、アプリケーションなどを含めた IT 資産全般）に対する脅威を検出し、それぞれに対処することを可能にします。

　強化したいリソースやレベルに応じて、**表 4.2-2** に示す各種プラン（CWP プラン）を個別に選択できます。なお、複数のプランを同時に利用すれば包括的にセキュリティを高められます。

表 4.2-2　CWP のプラン

プラン	概要
サーバー	利用している Windows マシンと Linux マシンを対象に、脅威の検出と高度な防御を提供します。高度な保護機能の例として、脆弱性評価や Just-In-Time VM アクセスなどがあります。
App Service	App Service（Azure 上の PaaS サービス）で実行されるアプリケーションをターゲットにした脅威を識別します。
ストレージ	Azure Storage アカウントに対する潜在的な脅威やマルウェアファイルを検出します。
データベース	データベースとそのデータについて脆弱性や脅威（攻撃）を検出し、安全性を強化します。
コンテナー	クラスター、コンテナー、およびそれらのアプリケーションの保護を提供します。
Key Vault	Azure Key Vault への不正アクセスなどを検出します。
Resource Manager	リソース管理の操作を自動的に監視します。
API	Azure API Management で公開されている API のためのセキュリティを提供します。

　サーバーのワークロードを保護するための機能をすべてサポートするには、いくつかのエージェントが必要です。これらのエージェントは自動プロビジョニング機能を使用すると自動的にインストールされます。なお、クラウドネイティブで動作するリソース（ストレージやデータベースなど）は、エージェントをインストールすることなくワークロードの保護が行われます。

Microsoft クラウドセキュリティベンチマーク（MCSB）

　Azure のサービスや機能は日々アップデートされています。これは他のクラウドサービスでも同様です。そのため、特にマルチクラウド環境において、適切なセキュリティ構成などの管理が課題となります。

　MCSB には、各種クラウド環境（Azure、AWS、GCP など）のセキュリティを保護するためのベストプラクティスと推奨事項が含まれています。MCSB の推奨事項には、各種クラウドのワークロード全体に適用されるセキュリティコントロールと、特定のサービスのセキュリティ構成に関するサービスベースラインがあります。

　MDC を有効化すると、MCSB をもとに作成された「ASC Default」という名前のポリシーがサブスクリプションに設定され、ベストプラクティスに準拠した構成が行われているかを可視化することができます。

>> **POINT!**

コントロールとベースラインの違い

コントロールは、特定のテクノロジに限定されない、実行が推奨される機能や操作
の総称です。一方、ベースラインは、各種 Azure サービスで推奨される構成方法
です。

知識確認テスト

Q1　SQL Database に対する脅威の検出を提供する Microsoft セキュリティ
ソリューションはどれですか？

A. Azure Bastion

B. NSG

C. Microsoft Defender for Cloud

D. セキュリティスコア

解説

　Microsoft Defender for Cloud の CWP プランでデータベースを有効にすると、
SQL Database に対する脅威の検出ができます。よって、C が正解です。A の「Azure
Bastion」は、仮想ネットワーク内の仮想マシンに対してセキュアな接続方法を提供
します。B の「NSG」は、仮想ネットワーク内のトラフィック制御を行います。D の
「セキュリティスコア」は、組織のセキュリティ態勢を評価する指標として用いられ
ます。

[答] C

Q2　Microsoft Defender for Cloud が提供するクラウドセキュリティ態勢
管理（CSPM）の説明として、正しいものはどれですか？

A. Azure のワークロードのみサポートしている

B. Azure、オンプレミスのワークロードをサポートしているが、他のク
ラウドはサポート外である

C. Azure、マルチクラウドをサポートしているが、オンプレミスはサ
ポート外である

D. Azure だけではなく、オンプレミス、マルチクラウドのワークロー
ドをサポートしている

解説

Microsoft Defender for Cloud のクラウドセキュリティ態勢管理（CSPM）は、Azure だけではなくオンプレミスやマルチクラウドにも対応しています。よって、D が正解です。

[答] D

Q3　Microsoft Defender for Cloud のセキュリティスコアを向上させるために使用するメニューはどれですか？

4

A. インベントリ

B. セキュリティ警告

C. 推奨事項

D. セキュリティ態勢

解説

セキュリティスコアを向上させるためには、推奨事項に提示されている項目を選択して、提示された修復方法に従って対応します。よって、C が正解です。A の「インベントリ」は、Microsoft Defender for Cloud で管理されているリソースが表示されます。B の「セキュリティ警告」は、インシデントが発生した場合に表示されます。D の「セキュリティ態勢」は、セキュリティスコアなどの情報が表示されます。

[答] C

4.3 Microsoft Sentinel の セキュリティ機能

　システム環境のすべてのログを一括で収集し、アラートの検出、調査、対処が自動化できると、管理の効率性が向上します。ここでは、セキュリティ情報イベント管理（SIEM）とセキュリティオーケストレーション自動応答（SOAR）の概念、および Microsoft Sentinel による統合的なソリューションを学習します。

SIEM と SOAR の概念

　セキュリティ侵害の対象は、オンプレミスの物理的なサーバーやネットワーク環境だけでなく複数のクラウド環境に渡るため、セキュリティ管理の範囲が複雑になります。こうした中、セキュリティ情報イベント管理（SIEM）とセキュリティオーケストレーション自動応答（SOAR）を組み合わせることにより、セキュリティ脅威の可視化と、その対処の自動化が図れます。

▶ セキュリティ情報イベント管理（SIEM）

　SIEM（Security Information and Event Management）は、システム環境のログ（特にセキュリティログ）を収集、分析、および紐付けします。セキュリティ状況を見える化し、危険なアクセスの検知から分析までを検出します。個別のログだけでは見つけにくい異常を、複数のログとの相関をもとに検知することも可能です。

▶ セキュリティオーケストレーション自動応答（SOAR）

　SOAR（Security Orchestration and Automation Response）は、セキュリティ管理者が SIEM を運用する上で必要となる対処を自動化します。具体的には、セキュリティ脅威の影響範囲を把握したり、根本的な原因調査を行ったり、さまざまな業務をサポートします。

Microsoft Sentinel の概要

　Microsoft Sentinel は、SIEM と SOAR を組み合わせた Microsoft が提供するセキュ
リティソリューションです。クラウドネイティブで提供される Microsoft Sentinel は、
複数のリソースからログを収集して相関分析ができる点が大きな特徴です。ログの
収集場所として Azure Log Analytics を使用するので、Microsoft Sentinel をデプロ
イするには、最初に Log Analytics ワークスペースを作成する必要があります。

　Microsoft Sentinel が提供する 4 つの主要な機能を**表 4.3-1** に示します。

表 4.3-1　Microsoft Sentinel の主要な機能

収集	検出	調査	対処
Azure プラットフォームログだけではなく、OS のイベントログや各種ベンダーの NW 機器などさまざまなリソースから Log Analytics ワークスペースにデータを収集します。	収集したデータに対して分析ルールに合致するイベントをインシデント（アラートを含む）として生成します。	インシデントの調査を行い、影響範囲を特定します。	インシデントへの対応を行います。定型的な対応はオートメーションルールを使用して自動化できます。

　Microsoft Sentinel におけるデータの収集からインシデントの対処までのフレーム
ワークとして、最初にデータコネクタを使用してデータソースに接続し、データを
収集します。それらのデータは、分析ルールに合致するとインシデントを生成しま
す。この生成されたインシデントについて調査を行い、対処します。定型的な対処
は、プレイブックを使用して自動化することができます。Microsoft Sentinel のコ
ミュニティではプレイブックなどのコンテンツが提供されているので、これらをダ
ウンロードして使用することもできます。

Microsoft Sentinel の主要コンポーネント

Microsoft Sentinel では、収集、検知、調査、対処の順に、各種コンポーネントを使用した操作を行います。それぞれのコンポーネントが何に使用されるのかを理解することが重要です。

▶ コンテンツハブ

コンテンツハブにはサービスのパッケージが提供されています。そのパッケージの対象は、データコネクタ、パーサー、ブック、分析ルール、ハンティングクエリ、ノートブック、ウォッチリスト、プレイブックなどです。たとえば、Azure Active Directory パッケージには Microsoft Entra ID に関連するデータコネクタ、ワークブック、分析ルール、プレイブックなどが含まれています。これらのパッケージを Microsoft Sentinel にインストールすることで各種コンポーネントを使用できます。コミュニティでも各種コンポーネントが提供されています。

▶ データコネクタ

データコネクタを使用し、さまざまなデータソースと接続して Microsoft Sentinel にデータを取り込むことができます。データコネクタを使用するためにはコンテンツハブから対象となるコンテンツパックをインストールします。データコネクタごとに設定方法は異なりますが、ほとんどの場合、数ステップでデータ収集の設定が完了します。

▶ 分析

Microsoft Sentinel に収集したデータについて、分析ルールをもとに相関関係や異常の分析を行います。デフォルトで組み込まれている分析ルールもありますが、通常は管理者がアクティブな分析ルールを設定することで、そのルールに合致したイベントがアラートやインシデントを発生します。

分析ルールでは、インシデント発生時の対処にオートメーションルールを設定できます。オートメーションルールを設定することで、データ収集からインシデント検出（分析）、対処までを自動で行うことができます。

分析ルールに用いられる脅威検出手法は複数あります。Microsoft Sentinel で使用される脅威検出の代表的な手法を**表 4.3-2** に示します。

表 4.3-2　Microsoft Sentinel で使用される脅威検知の代表的な手法

脅威検出の手法	特徴
Microsoft Security	● Microsoft インシデントの作成規則より作成します。 ● Microsoft Security の接続済みサービスで生成されたアラートから Microsoft Sentinel でインシデントを作成することができます。 **コネクター覧** ● Microsoft Defender for Cloud Apps ● Microsoft Defender for Cloud ● Microsoft Entra Identity Protection ● Azure Defender for IoT ● Microsoft Defender for Office 365 ● Microsoft 365 Insider Risk Management ● Microsoft Defender for Endpoint ● Microsoft Defender for Identity
スケジュールされたアラート	● スケジュール済みクエリルールから作成します。 ● Kusto クエリ言語（KQL）を使用して独自のログに対するクエリを定義し、セキュリティイベントに対してフィルター処理やルールを実行するスケジュールを設定することができます。この派生版として NRT クエリルールがあります。
Fusion	● デフォルトで作成済みであり、変更できません。 ● 複数の脅威検知エンジンで検出したアラートの相関分析を行い、脅威を特定します。
機械学習による行動分析	機械学習によって疑わしいアクティビティを検出する行動分析ルールが組み込まれています。これらの組み込みのルールを編集したり、設定を確認したりすることはできません。
異常検出分析	異常検出は、一定期間にわたって環境内の動作を分析し、正当なアクティビティのベースラインを構築します。ベースラインが確立されると、通常のパラメーターの範囲外にあるアクティビティは異常（疑わしい）と見なされます。ただし、異常は検出されても直接インシデントが生成されるわけではありません。代わりに、異常は Anomalies テーブルに記録されます。
NRT ルール	スケジュールされたアラート手法とほとんど同じですが、1 分サイクル間隔でクエリを実行することにより応答性が高くなるように設計されています。

4

▶ インシデント

　分析ルールによって生成されたインシデントが表示されます。セキュリティ担当者は、そのインシデントが脅威であるか否かを調査して対処します。各インシデントへの対処としては、状態の変更や所有者の割り当てなどを行い、誰が対応するのか担当者を決めることができます。また、一部の処理はオートメーション機能を使用することで自動化できます。

　発生したインシデントを選択して、「すべての情報を表示」ボタンをクリックすると、そのインシデントに関連する情報の一覧が表示されます。

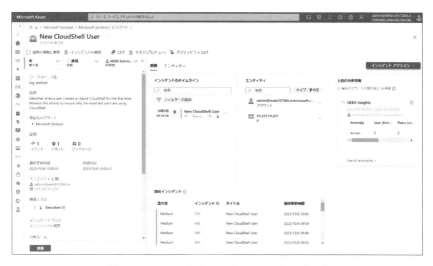

図 4.3-1　Microsoft Sentinel のインシデントページ

　調査ページでは、インシデントに関連するエンティティ情報を詳しく調査することができます。

図 4.3-2　Microsoft Sentinel の調査ページ

　定型的なインシデントの場合は、SOAR 機能であるオートメーションを使用することで自動的に処理できます。

▶ オートメーション

　定型的なインシデントを自動的に処理することができます。オートメーションルールでは、オートメーションルールが起動するトリガー、条件、アクションなどを設定して自動化処理を行うことができます。アクションでは、プレイブックの実行、インシデントの状態変更や所有者の割り当てなどを設定できます。

　プレイブック（Logic Apps）は、Azure が提供しているさまざまなプロセスをノーコードで自動化するクラウドサービスです。ロジックアップデザイナーを使用してコネクタを配置して接続することで自動化処理を行えます。Microsoft Sentinel でプレイブックを使用するには、Microsoft Sentinel と接続するためのトリガー（インシデントトリガー、アラートトリガー、エンティティトリガー）となるコネクタが必要です。

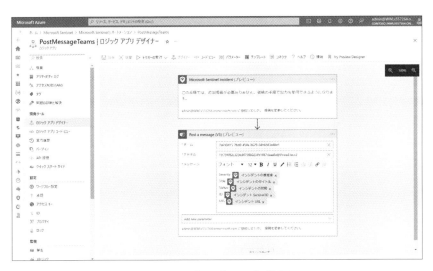

図 4.3-3　プレイブックの作成画面

▶ ハンティング

　ハンティングでは、未検出のインシデントを発見するためのツールが提供されています。

　インシデント分析プロセスの一環として、KQL を使用したハンティングクエリを

実行することができます。また、ノートブックを使用して機械学習（マシンラーニング）と組み合わせたハンティングを行うこともできます。

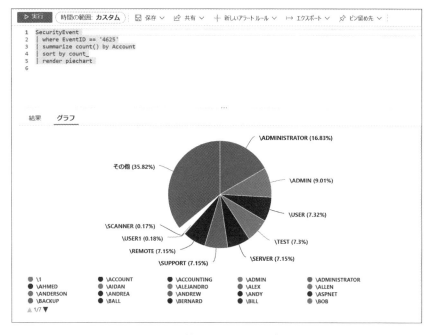

図 4.3-4　KQL を使用したハンティングクエリの例

▶ ワークブック（ブック）

ワークブックは、Microsoft Sentinel に取り込んだデータを可視化して監視するためのダッシュボードです。コンテンツハブから対象のコンテンツパックをインストールすることで、ワークブックをすぐに使用することができます。

知識確認テスト

Q1 Microsoft Sentinel で SOAR の機能を使用した自動化処理を行うコンポーネントはどれですか？

- **A.** 調査ツール
- **B.** ハンティング
- **C.** プレイブック
- **D.** ワークブック

解説

　プレイブックを使用して自動化処理を行うことができます。よって、C が正解です。A の「調査ツール」は、インシデントの調査を行います。B の「ハンティング」は、現時点で検出できていないインシデントを発見する行為です。D の「ワークブック」は、データを可視化するダッシュボードです。

[答] C

Q2 Microsoft Sentinel でコネクタを使用してデータソースに接続しました。データを監視するには、どのツールを利用すべきですか？

- **A.** Microsoft Sentinel のコミュニティ
- **B.** ノートブック
- **C.** プレイブック
- **D.** ワークブック

解説

　Microsoft Sentinel をデータソースに接続すると、「ブック」メニューからワークブックを選択してデータを監視することができます。よって、D が正解です。A、B、C は、データソースへの接続後にデータを監視するためのツールではありません。

[答] D

Q3　Microsoft Sentinel に Microsoft Defender for Cloud のデータコネク
タを使用して接続しました。あなたは Microsoft Defender for Cloud
で発生したアラートを Microsoft Sentinel のインシデントとして発生さ
せる必要があります。分析ルールにはどの検出手法を使用しますか？

A. NRT ルール

B. Microsoft Security

C. スケジュールされたアラート

D. Fusion

解説

　Microsoft Defender for Cloud で発生したアラートを Microsoft Sentinel のインシデ
ントとして発生させるには、Microsoft Security の分析手法を使用します。Microsoft
Sentinel の「分析」メニューから、「Microsoft インシデントの作成規則」の作成ウィ
ザードで「Microsoft のセキュリティサービス」に「Microsoft Defender for Cloud」
を選択して、ルールをアクティブにします。よって、B が正解です。

[答] B

4.4 Microsoft Defender XDR

さまざまなセキュリティの脅威から守るためには、多層防御になるよう各種のセキュリティ機能を統合した保護が効果的です。ここでは、Microsoft Defender XDR のサービスについて学習します。

Microsoft Defender XDR サービス

Microsoft では、セキュリティソリューションとして多くの製品を提供しています。標的型攻撃による攻撃経路の例として、メールでマルウェアを受け取り、そのマルウェアがエンドポイント端末で実行され、特権 ID を取得した攻撃者が社内リソースの取得や攻撃を行い、クラウドアプリを使用して情報を漏えいする、という流れが考えられます。これらの経路を保護するためのセキュリティ製品としては、次のものがあります。

- Microsoft Defender for Office 365
- Microsoft Defender for Endpoint
- Microsoft Defender for Identity
- Microsoft Defender for Cloud Apps

これらの製品ごとにポータルがありましたが、一元的にこれらの製品を管理できるポータルとして登場したのが Microsoft Defender XDR です。Microsoft Defender XDR は、エンドポイント、ID、メール、クラウドアプリの高度な保護をまとめたサービスです。

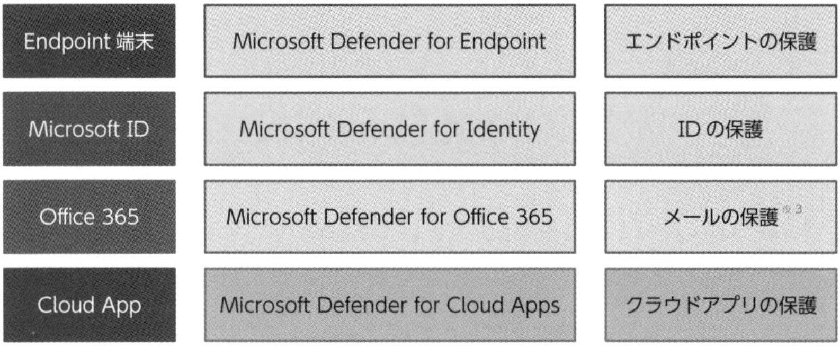

Endpoint 端末	Microsoft Defender for Endpoint	エンドポイントの保護
Microsoft ID	Microsoft Defender for Identity	ID の保護
Office 365	Microsoft Defender for Office 365	メールの保護 ※3
Cloud App	Microsoft Defender for Cloud Apps	クラウドアプリの保護

図 4.4-1 Microsoft Defender XDR の整理

POINT!

Microsoft Defender XDR は、前述の Microsoft Defender for Cloud と名前が似ていますが、サービスや機能の内容は異なっています。両者を混同しないよう注意が必要です。

▶ Microsoft Defender XDR ポータル

Microsoft Defender XDR ポータルは、Microsoft Defender XDR で提供される各種 Defender サービスを統合したサイトです。シンプルな画面レイアウト（ダッシュボード）に各種サービスのセキュリティ関連情報がまとめて表示され、攻撃に対する調査をスピーディーに行うことができます。

Microsoft Defender XDR ポータルからは、Microsoft Defender for Endpoint（4.4 節内「Microsoft Defender for Endpoint」の項で説明）や Microsoft Defender for Office 365（4.4 節内「Microsoft Defender for Office 365」の項で説明）の機能へ簡単にアクセスできます。また、これら以外の機能にもアクセス可能です。**表 4.4-1** に例を示します。

※3 この図ではわかりやすくするためメールのみの表記にしていますが、実際にはメール以外の Teams、SharePoint、OneDrive、Office アプリなどの保護の機能も有しています。

表 4.4-1 Microsoft Defender XDR ポータルからアクセス可能な機能の例

機能	概要
インシデントとアラート	Microsoft 365 のサービスおよびアプリケーションが作成するアラート（攻撃に関する重要な手がかり）を、Microsoft Defender XDR が自動的に集計（インシデントと関連するアラートをグループ化）し、インシデントとして攻撃情報を提供します。
追及（ハンティング）	インシデントに対応するセキュリティ管理者などは、クエリベースの検出ツールを使用することで、インシデントとして発見されていないセキュリティイベントや侵害の疑いのあるアクティビティ、マシンの構成ミスなどを把握することができます。
Threat intelligence（脅威の分析）	「脅威の分析」の機能にアクセスすると、組織に最も関連性の高いレポートが表示されます。最新の脅威、影響度の高い脅威、露出の最も多い脅威のカードが用意されており、それぞれの情報が可視化されています。
セキュリティスコア（セキュアスコア）	セキュリティスコアにアクセスすると、現在のスコア値が表示され、ID、データ、デバイス、アプリケーション別の内訳などが確認できます。
ラーニングハブ（学習ハブ）	Microsoft 365 セキュリティソリューションの利用方法などを学ぶための、各種ガイダンスへのパス（リンク）です。
レポート	一般的なセキュリティレポートに加え、エンドポイント、メールとコラボレーション、クラウドアプリ、ID などに関するレポートが確認できます。

▶ セキュリティスコア（セキュアスコア）

セキュリティスコアは、Microsoft Defender XDR ポータルの機能の1つです。Microsoft Defender XDR は、セキュリティ状態の可視化およびセキュリティ管理の効率化のために、継続的にセキュリティスコアを評価します。

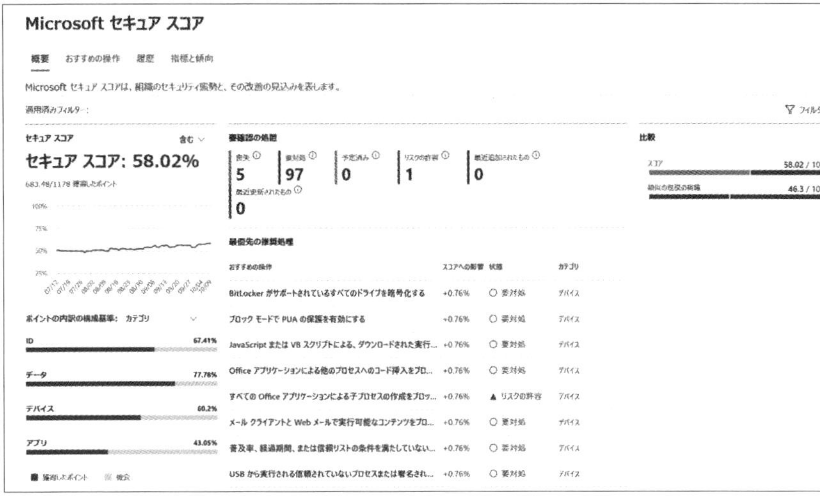

図 4.4-2　Microsoft セキュアスコア

　セキュリティスコアは、特定された脆弱性にもとづき、改善のための推奨事項を提示します。セキュリティ管理者などが推奨事項に従い、脆弱性につながる問題点を修正することで、セキュリティ状態の改善を図ることができ、スコアの数値も向上します。この推奨事項には Microsoft 製品だけではなく、サードパーティの製品（DocuSign や Salesforce など）のベストプラクティスも含まれています。

　また、セキュリティスコアは、Microsoft Defender XDR と Microsoft Defender for Cloud の両方で確認できます。Microsoft Defender XDR ポータルのセキュリティスコアは、アプリ、デバイス、データ、ID 全体における組織のセキュリティ体制の測定値であり、Microsoft Defender for Cloud のセキュリティスコアは、MCSB のベストプラクティスに沿ったセキュリティの状態管理における測定値という違いがあります。

>> **POINT!**

セキュリティスコアの数値を向上させるには、推奨事項に従ってリスクとなる問題点を修正します。

Microsoft Defender for Identity

Microsoft Defender for Identity は、オンプレミスの AD の ID を使用した、侵害された ID や、内部不正などを特定、検出、調査するクラウドベースのサービスであり、**表 4.4-2** の機能を持ちます。

表 4.4-2　Microsoft Defender for Identity の機能

機能	概要
ユーザーの行動および アクティビティの監視・分析	各ユーザーの行動基準（ベースライン）を作成するために、アクセス許可やグループのメンバーシップといったネットワーク全体のユーザーアクティビティを監視・分析します。そして、疑わしいアクティビティとイベントに関する情報をアラートの画面に示し、侵害されたユーザーや、内部不正などの脅威を特定します。
ユーザーID の保護、および 攻撃の緩和	ユーザー属性（与えられたロールなどのプロファイル）の分析結果をもとに、脅威（ユーザーの資格情報を侵害した攻撃など）を緩和することができます。
サイバーキルチェーン全体での 疑わしいアクティビティおよび 高度な攻撃の特定	サイバーキルチェーンとは、高度なサイバー攻撃で用いられる一連の攻撃ステップです。攻撃者は、標的型攻撃を一般的に 7 つのステップ（偵察、武器化、配送、攻撃、インストール、遠隔制御、目的の達成）で進めます。そうしたサイバーキルチェーン全体における脅威を特定することができます。
発生したアラートと ユーザーアクティビティの調査	緊急ではないアラートノイズを減らし、重要なセキュリティアラートを提供します。セキュリティ管理者などは、シンプルかつリアルタイムな攻撃タイムラインビューを利用して、脅威について迅速に調査を行えます。

Microsoft Defender for Identity をオンプレミス環境に導入すると、オンプレミス環境の疑わしい挙動が、オンプレミスの AD のユーザー情報とともにインシデントとして報告されます。また、悪意のある攻撃、異常な動作、セキュリティの問題、および脆弱性を突く攻撃を検出します。攻撃検出の例として、Pass-the-Ticket やリモート実行などが挙げられます。

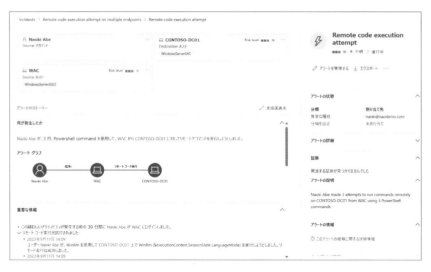

図 4.4-3　Microsoft Defender for Identity を導入した際のインシデント発生例

Microsoft Defender for Endpoint

　Microsoft Defender for Endpoint（MDE）は、エンドポイントを脅威から保護し、検出、対処を行う EDR（Endpoint Detection and Response）ソリューションです。

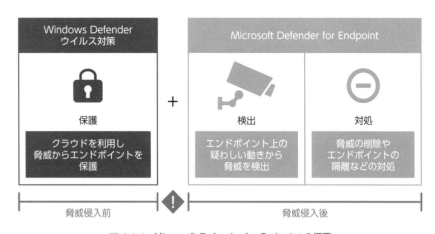

図 4.4-4　Microsoft Defender for Endpoint の概要

　MDE にオンボーディングしたデバイスが、MDE モジュールを使用してシグナルを送信します。MDE は、そのシグナルを検知して悪意のある動作などをインシデ

ントとして報告し、対処まで自動で行います。さらに調査が必要な場合、デバイスへの対処として、デバイス分離やアプリケーション制御を行うことができます。なお、MDE にオンボーディングできるデバイスは、Windows クライアント、Windows サーバー、macOS、Linux サーバー、iOS、Android です。

MDE が提供する主な機能を次に紹介します。

▶ 自動調査

エンドポイントのインシデントが検出されると自動調査が行われます。その際、インシデントの証拠であるエンティティに対する修復が必要な場合は、ファイルのブロックや検疫、自動修復などが行われます。自動調査では、クライアントの Windows Defender Antivirus（ウイルス対策）と連携して調査対象ファイルの許可や禁止のほか、クラウドでの調査を追加で行うために自動アップロードをして疑わしいファイルやコンテンツの分析を行います。

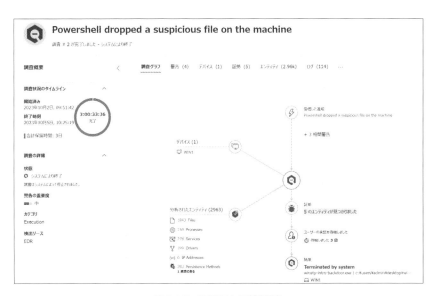

図 4.4-5　EDR による自動調査

▶ 攻撃面の縮小（Attack Surface Reduction：ASR）

ASR とは、一般的な攻撃を想定して、それらの攻撃を受けても被害が及ばない状態にすることです。例として、「メールに添付されている実行ファイルをブロックする」などが挙げられます。ASR の手段は複数あり、MDE では手段の 1 つである

「ASR ルール」を管理することができます。「ASR ルール」をエンドポイントに対して構成する手段は複数ありますが、MDE では Microsoft Intune と連携し、シームレスに構成を行うことができます。

▶ Web 保護

Web 保護は ASR の手段の1つです。Web 保護は、インジケーター（指標）、Web 脅威保護（Windows が提供する SmartScreen とネットワーク保護機能）、Web コンテンツフィルターの組み合わせによって脅威となる通信をブロックすることができます。

▶ デバイスへの対処

デバイスに対してさまざまな対処を行うことができます。「ウイルス対策スキャンを実行」やインシデントレスポンスに必要となる「調査パッケージの収集」、エンドポイントで動作するアプリケーションの制限を行う「アプリの実行を制限」、エンドポイントに対して直接コンソール操作を行う「ライブ応答セッション」、エンドポイントのインターネット接続を禁止する「デバイスの分離」など強力なツールが使用できます。

▶ 脆弱性の管理

MDE が提供する「脆弱性の管理」では、セキュリティリスクを低減するための ASR ルールの適用や、ソフトウェアの脆弱性を削減するためのさまざまなセキュリティリスクの管理を行うことができます。セキュリティリスクを低減するための「セキュリティの推奨事項」が提供され、指示に従って対処することでリスクを低減できます。また、Microsoft Intune と連携してリスクを管理することが可能です。「脆弱性の管理」メニューから「弱点」を選択すると、ソフトウェアの CVE 情報が表示されます。

Microsoft Defender for Cloud Apps

Microsoft Defender for Cloud Apps は、Microsoft が提供するクラウドアクセスセキュリティブローカー（Cloud Access Security Broker：CASB）であり、一般的に「キャスビー」と呼ばれています。

　多くの企業は、シャドーIT 問題（企業の IT 管理者が想定していないクラウドサービスを社員が勝手に利用している状態）を抱えています。シャドーIT が使用されると企業のセキュリティレベルが低下し、情報漏えいリスクが高まります。その結果、企業は大きな損失を受ける可能性があります。このような状態を回避しつつ業務の効率性や利便性が低下しないように、企業内で利用されているクラウドサービスの把握と適切な使用の制御、そして一貫性のあるセキュリティポリシーを適用するのが CASB です。

　CASB は、クラウドユーザーとクラウドサービスプロバイダーの仲介役として機能する SaaS ソリューションです。CASB を導入すると、ユーザーはクラウドアプリケーションに直接アクセスするのではなく、単一のコントロールポイントとなるリバースプロキシーを経由するので、ユーザーの利用状況を可視化でき、また、ポリシーを適用することでセキュリティを担保できるようになります。

　Microsoft Defender for Cloud Apps は、アクセスしている場所や使用しているデバイスの種類に関わらず、ユーザーとクラウドリソース間を監視・保護するゲートキーパーとして、**表 4.4-3** のような機能を提供します。

表 4.4-3　Microsoft Defender for Cloud Apps の機能

機能	概要
Cloud Discovery	通信トラフィックのログを使用して、企業のユーザーが利用しているクラウドアプリを動的に検出・分析します。これにより、シャドーIT（企業が許可していないクラウドアプリなど）の利用を検出して制御（ブロックなど）することが可能です。
アプリの承認および却下	クラウドアプリカタログ（Microsoft がクラウドアプリのリスクをランク付け・スコアリングしたもの）を用いて、企業が利用するクラウドアプリを承認または却下することができます。
アプリコネクタ	アプリコネクタの使用により、Microsoft および他のクラウドアプリを統合して保護を拡張（アプリのデータ、アカウントなどをスキャン）します。
アプリの条件付きアクセス制御	クラウドアプリからのデータのダウンロードをブロックしたり、ダウンロードデータの暗号化を強制したりするなど、アクセス制御のルールを設定できます。
ポリシーコントロール	ポリシー（ルール）の定義により、クラウドアプリを利用するユーザーの疑わしいアクティビティなどを検出し、問題の修復につなげることができます。

> **POINT!**
>
> シャドーIT の利用を検出することができるのは、Microsoft Defender for Cloud Apps です。Microsoft Defender for Endpoint など他のサービスの機能と混同しないよう注意しましょう。

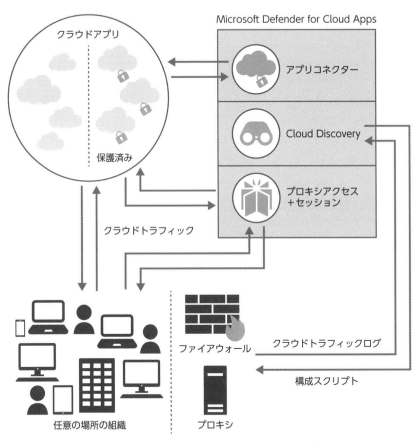

図 4.4-6　Microsoft Defender for Cloud Apps の概要

　Microsoft Defender for Cloud Apps は、Cloud Discovery の機能を使用してクライアントアプリの情報を収集します。オンプレミス環境で使用しているファイアウォールやプロキシーからログを Microsoft Defender for Cloud Apps に送信します。しかしながら、リモートワークや出張のためホテルなど社外からクラウドアプリを使用している場合は、これらのログには記録されません。そこで、Microsoft

Defender for Cloud Apps は、Microsoft Defender for Endpoint と連携してログを取得します。

なお、アプリケーションの制御にはアプリコネクタを使用します。これにより Microsoft Defender for Cloud Apps からクラウドアプリへの制御が可能になります。

Microsoft Entra ID を使用したユーザーアカウントでクラウドアプリにアクセスすることで、条件付きアクセス制御を行うことができます。条件付きアクセス制御では、「アプリの条件付きアクセス制御を使う」を構成し、Defender for Cloud Apps で作成したポリシーを使用することができます。ポリシーが適用されると、ユーザーのトラフィックは、Microsoft Defender for Cloud Apps 経由でクラウドアプリに接続します。これによりユーザーセッションを制御することができます。

Microsoft Defender for Office 365

Microsoft Defender for Office 365 は、メールとコラボレーションツール（Microsoft Teams、SharePoint Online、OneDrive for Business など）の保護を行います。ベースとなる機能は Exchange Online が提供する Exchange Online Protection（EOP）です。Microsoft Defender for Office 365 が提供するプランには、プラン 1（P1）とプラン 2（P2）があります。それぞれの機能を防止・検出、調査、対応に分類し、次ページの**表 4.4-4** に示します。

表 4.4-4　EOP、P1、P2

プラン	防止・検出	調査	対応
EOP	● スパム ● フィッシング ● マルウェア ● バルクメール ● スプーフィングインテリジェンス ● 検疫 ● 管理者とユーザーによる誤検知と検出漏れのレポート ● テナントでの許可 / 禁止 　● ドメインとメールアドレス 　● 偽装 　● URL 　● ファイル	● 監査ログ検索 ● メッセージ追跡 ● セキュリティレポートのメール送信	● ゼロ時間自動削除 (ZAP) ● 許可リストと禁止リストの絞り込みとテスト
P1	● 安全な添付ファイル（メール、SharePoint、OneDrive、Teams） ● 安全なリンク ● フィッシング対策ポリシー（しきい値と偽装保護） ● アラート用 SIEM 統合API	● 検出用 SIEM 統合 API ● リアルタイム検出ツール ● URL 追跡 ● Defender for Office 365 レポート	
P2	● 攻撃シミュレーショントレーニング	● 脅威エクスプローラー ● 脅威トラッカー ● キャンペーンビュー	● 自動調査対応 (AIR) ● 脅威エクスプローラーからの AIR ● 侵害されたユーザーの AIR ● 自動調査用 SIEM 統合 API

　Microsoft Defender for Office 365 のプラン 1 は、EOP で提供される機能を含みます。プラン 1 では防止・検出機能が強化されるとともに、調査機能としてリアルタイム検出ツールが提供されます。

表 4.4-5 Microsoft Defender for Office 365 プラン 1 の機能説明

機能	説明
安全な添付ファイル	メールに添付されているファイルが安全かチェックします。
安全なリンク	URL リンクをチェックし、悪意のあるサイトへのアクセスをブロックします。
Microsoft Teams、SharePoint、OneDrive のファイル保護	チームサイトやドキュメントライブラリなどで共有するファイルをチェックし、問題のあるファイルへのアクセスをブロックします。
フィッシング対策保護	ユーザーの偽装（電子メールアドレスの偽装）や、偽装されたドメインを用いる攻撃手口を検出します。
リアルタイム検出ツール	セキュリティ管理者などは、リアルタイムに検出されたレポートをダッシュボードで確認し、最新の脅威を特定・分析することができます。

Microsoft Defender for Office 365 のプラン 2 は、プラン 1 と EOP で提供される機能を含みます。プラン 2 では調査、対応機能が追加され、これによって、脅威を検出したメールなどの調査が自動的に行われます。

表 4.4-6 Microsoft Defender for Office 365 プラン 2 の機能説明

機能	説明
脅威トラッカー	脅威トラッカーを用いることで、重大な影響を及ぼす最新の脅威が、Office 365 を利用する環境に存在しないか確認することができます。
脅威エクスプローラー	リアルタイムに検出されたレポートから、より詳細に脅威の調査を行うためのツールです。
自動調査対応	アラートが発生した際に自動調査を行い、検疫や削除などの対応をとります。
攻撃シミュレーショントレーニング	企業の従業員（ユーザー）に対して、攻撃テストのシナリオ（不審な添付ファイルの送付など）を利用したトレーニングを行うことができます。

知識確認テスト

Q1 Microsoft Defender XDR の使い方を理解するには、Microsoft Defender XDR ポータルのどの機能を利用すべきですか？

    A. ラーニングハブ

    B. レポート

    C. 脅威の分析

    D. インシデントとアラート

解説

　ラーニングハブは、Microsoft 365 セキュリティソリューションの利用方法などを学ぶための、各種ガイダンスへのパス（リンク）です。よって、A が正解です。B、C、D は、Microsoft Defender XDR ポータルからアクセス可能な機能ですが、Microsoft Defender XDR を使用した調査方法を把握するものではありません。

［答］A

Q2 企業が許可していないクラウドサービス（シャドーIT）を従業員が利用していないかどうかを調べるには、Microsoft Defender のどのサービスが適切ですか？

    A. Microsoft Defender for Cloud Apps

    B. Microsoft Defender for Office 365

    C. Microsoft Defender for Identity

    D. Microsoft Defender for Endpoint

解説

　Microsoft Defender for Cloud Apps は、Cloud Discovery 機能により、シャドーIT となるクラウドアプリの使用を検出することができます。よって、A が正解です。

B、C、Dには、企業が許可していないクラウドサービスの利用を検出する機能はありません。

[答] A

Q3 不審な電子メールの URL リンクをクリックした際に生じる脅威から、ユーザーを保護することを検討しています。Microsoft Defender のどのサービスが適切ですか？

A. Microsoft Defender for Cloud Apps
B. Microsoft Defender for Office 365
C. Microsoft Defender for Identity
D. Microsoft Defender for Endpoint

解説

Microsoft Defender for Office 365 は、電子メールのメッセージや URL リンクなどを悪用する脅威から企業のユーザーを保護します。よって、B が正解です。A、C、D には、電子メールの URL リンクをチェックして保護する機能はありません。

[答] B

Q4 条件付きアクセスを使用してクラウドアプリの制御を行うことができるソリューションはどれですか？

A. Microsoft Defender for Cloud Apps
B. Microsoft Defender for Office 365
C. Microsoft Sentinel
D. PIM (Privileged Identity Management)

解説

Microsoft Defender for Cloud Apps は、条件付きアクセスを使用してクラウドアプリの制御を行うことができます。よって、A が正解です。B の「Microsoft Defender for Office 365」はメールとコラボレーションアプリの保護、C の「Microsoft Sentinel」は監視、D の「PIM」は特権管理を行うツールです。

[答] A

Q5　Microsoft Defender XDR の説明として間違っているものはどれですか？

A. Microsoft Defender XDR が提供するセキュリティスコアは、Microsoft Defender for Cloud Apps の推奨事項を提供する

B. Microsoft Defender XDR が提供するセキュリティスコアは、サードパーティのアプリケーションのための推奨事項は提供しない

C. Microsoft Defender XDR が提供するセキュリティスコアは、脅威の分析で最新の脅威情報を提供する

D. Microsoft Defender XDR が提供するラーニングハブは、Microsoft Defender XDR を学ぶためのリンクを提供する

解説

Microsoft Defender XDR が提供するセキュリティスコアは、特定のサードパーティのアプリケーションのための推奨事項も提供します。よって、B が正解です。

[答] B

Q6　マルウェアファイルが添付されたメールを受信した際に、自動的に調査するソリューションはどれですか？

A. Microsoft Defender for Cloud Apps

B. Microsoft Defender for Office 365

C. Microsoft Defender for Identity

D. Microsoft Defender for Endpoint

解説

Microsoft Defender for Office 365 はメールとコラボレーションの保護を行います。プラン1およびプラン2で添付ファイルの保護機能が提供されます。よって、Bが正解です。

[答] B

Q7 業務利用を禁止するサイトをインジケーターに登録しました。これによりエンドポイントであるクライアントからのアクセスがブロックされます。Microsoft Defender for Endpoint で使用される機能はどれですか？

A. 自動修復
B. 自動調査
C. 脅威ハンティング
D. ネットワーク保護

解説

Microsoft Defender for Endpoint は Web 保護の機能を提供しています。Web 保護の機能はネットワーク保護を使用します。よって、Dが正解です。

[答] D

Q8 エンドポイントから、オンプレミスの AD 上のサーバーに対して攻撃を行う脅威を検出するために使用するソリューションはどれですか？

A. Microsoft Defender for Cloud Apps
B. Microsoft Defender for Office 365
C. Microsoft Defender for Identity
D. Microsoft Defender for Endpoint

解説

　Microsoft Defender for Identity はオンプレミス環境の AD の ID を保護します。よって、C が正解です。

[答] C

第 5 章

Microsoft コンプライアンス ソリューションの機能

本章では、Microsoft のコンプライアンスに関わる
さまざまなソリューションの機能を説明します。

5.1 Microsoft Service Trust Portal と Microsoft のプライバシー原則 など

　ここでは、Microsoft Service Trust Portal というポータルサイトの概要や、Microsoft のプライバシー原則、そしてプライバシーのリスク管理ソリューションである Microsoft Priva について学習します。

Microsoft Service Trust Portal の概要

　Microsoft Service Trust Portal（以下、Service Trust Portal）は、Microsoft のセキュリティ、プライバシー、およびコンプライアンスに関するコンテンツなどを提供するポータルサイトです。

　Service Trust Portal にアクセスすると、**図 5.1-1** のような画面が表示され、下記の 4 つのセクションから各種ドキュメントを参照することができます。

- 認定、規制、標準
- レポート、ホワイトペーパー、成果物
- 業界と地域のリソース
- 組織のリソース

図 5.1-1　Service Trust Portal（サービス信頼ポータル）

　たとえば、**図 5.1-1** の「ISO/IEC」では、ISO（国際標準化機構）の国際規格に準拠していることを示す証明書などのドキュメントが確認できます。

情報セキュリティに関わる ISO の国際規格には、ISO/IEC 27001（情報セキュリティマネジメントシステム）や、ISO/IEC 27017（クラウドサービスのための情報セキュリティ管理策の実践の規範）、ISO/IEC 27018（パブリッククラウドにおける個人識別情報の保護のための実施基準）などがあります。

　また、マイライブラリ（自身が関心を持つドキュメントを登録する）機能を使うと、ライブラリに保存したドキュメントが更新された際に、電子メールで通知を受けることができて便利です。この機能を使うには、ドキュメントの一覧が表示された画面で、該当ドキュメントの「その他のオプション」から「ライブラリに保存」を選びます。そして「通知の設定」の画面が開いたら、「メール通知の受信」を「はい」に設定します。

Microsoft のプライバシー原則

Microsoft の製品やサービスに対するプライバシー保護は、**表 5.1-1** の 6 つの原則にもとづいています。

表 5.1-1　6 つのプライバシー原則

原則	内容
コントロール（管理）	お客様から預かったデータをお客様自身で管理することができるようにします。Microsoft はデータ提供の要求があっても、お客様の同意なしに提供することはありません。また、Microsoft がお客様のデータを同意なしに使用することもありません。
透明性	お客様のデータの収集と使用について、透明性を確保します。
セキュリティ	お客様のデータを暗号化などにより保護します。
厳格な法的保護	国や地域の法令や規制に準拠し、基本的人権を遵守したプライバシーの取り扱いを行います。
コンテンツベースのターゲット設定を行わない	お客様のデータをターゲット広告などで利用しません。
お客様にとってのメリット	お客様から収集するデータは、お客様のエクスペリエンス向上のために使われます。

Microsoft Priva

Microsoft Priva は、Microsoft 365 サービスのアドオンとして動作し、個人データの取扱いに関するリスク分析や、個人からの情報開示請求などへの対応をサポートします。

表 5.1-2 に示すとおり、Microsoft Priva の機能は、大きく 2 つのソリューションから利用できます。

表 5.1-2　Microsoft Priva のソリューション

ソリューション	概要
プライバシーリスク管理	各種ファイルに含まれている個人データを検出し、主要なリスクシナリオから潜在的なリスクを特定および可視化します。
主体の権利要求	個人から情報開示請求などを受けた場合に、コンプライアンス担当者などが実施する個人データの検索や社内関係者（法務部門など）との調整（法的要件の確認）、レポート（開示決定通知書など）の作成などを支援し、迅速な対応を可能にします。

Microsoft Priva は、後述の Microsoft Purview ポータルで提供されているソリューションです。

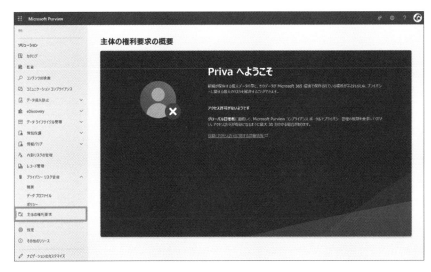

図 5.1-2 Priva として提供している「主体の権利要求」画面

知識確認テスト

Q1 Service Trust Portal にある特定のホワイトペーパーをダウンロードして活用しています。このドキュメントが更新された場合に、いち早く最新版を入手するには、どうすればよいですか？

A. 定期的に Service Trust Portal にアクセスして確認する
B. 特に何もする必要はない（Microsoft からの更新通知が自動設定される）
C. 該当のドキュメントをマイライブラリに保存しておく
D. 別途課金サービスを受ける

解説

　ドキュメントをマイライブラリに保存することで、当該ドキュメントが更新された際に電子メールで通知を受けることが可能です。よって、C が正解です。A は、C と比べて最新版の入手が遅れる可能性があります。B や D のような機能、サービスはありません。

[答] C

Q2 Microsoft のプライバシー原則の 1 つである「コントロール」の説明として、正しいものはどれですか？

A. お客様のデータを暗号化などにより保護する
B. お客様のデータの収集と使用について透明性を確保する
C. お客様のデータをターゲット広告などで利用しない
D. お客様自身がデータとプライバシーを適切に管理できる

解説

　「コントロール」は、お客様自身がデータとプライバシーを適切に管理できるようにすることです。よって、D が正解です。A は「セキュリティ」、B は「透明性」、C は「コンテンツベースのターゲット設定を行わない」の説明です。

[答]　D

5

5.2 Microsoft Purview の コンプライアンス管理機能

　Microsoft Purview は、企業がコンプライアンスを管理するためのツールと機能を提供します。ここでは、そのソリューションを構成する Microsoft Purview コンプライアンスポータルとコンプライアンスマネージャー、コンプライアンススコアについて学習します。

> ## POINT!
>
> Microsoft Purview とは、データガバナンス、情報保護、リスク管理、コンプライアンスソリューションにまたがるブランドのソリューションです。Microsoft Purview のリスクおよびコンプライアンス (https://compliance.microsoft.com) と Microsoft Purview ガバナンス (https://purview.microsoft.com) のポータルがあり、それぞれの役割に対応した機能を提供します。

Microsoft Purview コンプライアンスポータル

　Microsoft Purview コンプライアンスポータルは、企業が情報保護、情報ガバナンス、インサイダーリスクなどを統合管理するためのポータルサイトであり、もともと Microsoft 365 コンプライアンスセンターと呼ばれていたものです。ポータルサイトから、後述するコンプライアンスマネージャーにアクセスしたり、コンプライアンススコアを確認したりすることができます。

　Microsoft Purview コンプライアンスポータルを利用できるのは、グローバル管理者、コンプライアンス管理者、コンプライアンスデータ管理者のいずれかのロールが割り当てられたユーザーです。

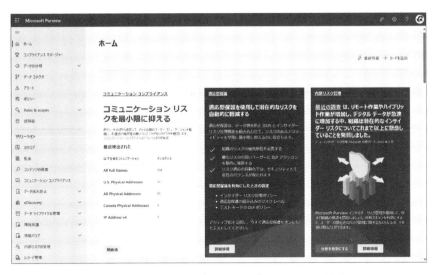

図 5.2-1　Purview コンプライアンスポータルのホーム画面

Microsoft Purview コンプライアンスマネージャー

　Microsoft Purview コンプライアンスマネージャー（以下、コンプライアンスマネージャー）は、企業のデータ保護や規制基準に関連するリスクを管理するツールです。Microsoft Purview コンプライアンスポータルからコンプライアンスマネージャーにアクセスすると、**図 5.2-2** に示すコンプライアンスマネージャーのダッシュボード（トップページの概要タブ）に、現在のコンプライアンススコア（次項「コンプライアンススコア」で説明）と、スコアに影響するソリューション、改善のための重要な処置などが一覧で表示されます。

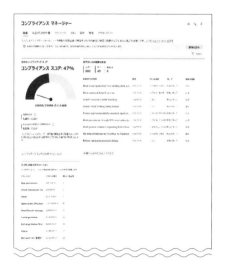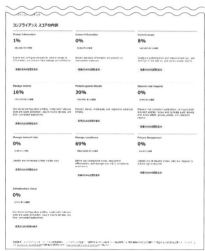

図 5.2-2　コンプライアンスマネージャーの画面

　次に、コンプライアンスマネージャーを使用するにあたって押さえておくべき主な要素を、**表 5.2-1** に示します。

表 5.2-1　コンプライアンスマネージャーにおける主な要素

要素	概要
コントロール	規制、標準、またはポリシーの要件のことであり、次の 3 種類のコントロールを追跡します。 ● Microsoft が管理するコントロール 　Microsoft が実装を担っているクラウドサービスのコントロール ● 自社のコントロール 　利用企業が管理するコントロール ● 共有コントロール 　利用企業と Microsoft が共有するコントロール
評価	特定の規制、標準、またはポリシーからのコントロール（管理要件）をグループ化したものです。たとえば、「ISO/IEC 27001:2013 for Microsoft 365」の評価では、ISO/IEC 27001:2013 が求める管理策への適合状況を把握できます。
テンプレート	評価を作成する際に利用できるテンプレートです。あらかじめ多くのテンプレートが用意されており、これらを個別のニーズに合わせてカスタマイズすることも可能です。
改善のための処置	コンプライアンススコアを改善するための推奨事項で、ユーザーに割り当てて実施およびテストを行うことができます。たとえば、「Enable self-service password reset（セルフサービスパスワードリセットを有効）」が改善のための処置として推奨事項に挙がっている場合に、この対処をユーザー候補から指定することで、当該ユーザーへ依頼の通知が電子メールで送られます。

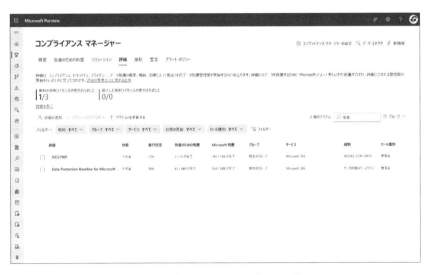

図 5.2-3　コンプライアンスマネージャーの評価画面

　コンプライアンスマネージャーでは、ISO27001 などの規制が適切に運用されてい
るかを判断する「評価」を作成することができます。作成に際しては、「評価」タブ
より「評価の追加」を選択し、「規制の選択」ボタンからデフォルトで用意されてい
る CIS などのさまざまな規制テンプレートを使用することができます。

図 5.2-4　コンプライアンスマネージャーの評価作成のテンプレート選択画面

コンプライアンススコア

　コンプライアンススコアは、企業のデータ保護や規制基準に関連するリスクを減らすために、推奨される「改善のための処置」を数値（ポイント）として示します。

　図 5.2-5 の「全体のコンプライアンススコア」のパーセント値は、「改善のための処置」が完了したポイントの割合であり、改善の進捗状況（完了している状況）を表します。ポイントの内訳である「獲得ポイント」は、企業が行った「改善のための処置」のポイントです。また、「Microsoft の管理による獲得ポイント」とは、Microsoftによって実施された「改善のための処置」のポイントです。

図 5.2-5　コンプライアンススコア

　コンプライアンススコアでは、**図 5.2-6** の「改善のための処置」に表示されている項目に対処することで、ポイントが増加し（改善が進み）、スコアが向上します。

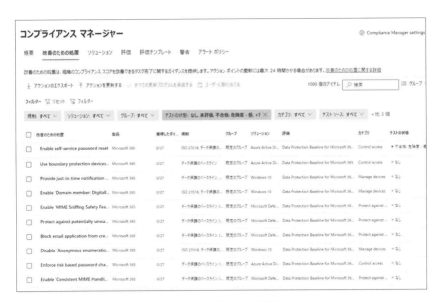

図 5.2-6　改善のための処置

▶ コンプライアンススコアのポイント（値）

　コンプライアンススコアのポイント（値）は、「改善のための処置」のアクション
の種類により、**表5.2-2** のように割り当てられる値が変わります。

表 5.2-2　アクションの種類により割り当てられるポイント

	予防	検出	修正
必須	27	3	3
任意	9	1	1

- 予防
  特定のリスクに対処することです（例：データの漏えいを防ぐために暗号化する）。
- 検出
  不正侵入などを検出するために、異常や違反などがないかシステムを監視する
  ことです（例：ユーザーの異常なアクティビティを監視する）。
- 修正
  セキュリティインシデント発生時の影響を最小限に抑えるための処置です（例：
  侵害されたアカウントのアクセスを停止する）。

- 必須

  必ず実施すべき処置です。たとえば、パスワードの長さや有効期限の要件（ポリシー）の設定が該当します。

- 任意

  推奨される処置です。例として、ユーザーが離席する際に、PC の画面ロックを求めることが挙げられます。

>> POINT!

「改善のための処置」の内容が、どのアクションの種類（予防／検出／修正）に該当するかを正確に判断することが大切です。たとえば、「データの漏えいを防ぐために暗号化する（改善のための処置）」は、「予防」に該当します。

知識確認テスト

Q1 Microsoft Purview コンプライアンスポータルにアクセスするために必要なロールはどれですか？

　　A. セキュリティ管理者のロール
　　B. コンプライアンス管理者のロール
　　C. ユーザー管理者のロール
　　D. アプリケーション管理者のロール

解説

　Microsoft Purview コンプライアンスポータルにアクセスできるのは、グローバル管理者、コンプライアンス管理者、コンプライアンスデータ管理者のロールです。よって、B が正解です。A、C、D のロールではアクセスできません。

[答] B

Q2 コンプライアンスマネージャーにおける「自社のコントロール」の説明として、正しいものはどれですか？

　　A. Microsoft が管理するクラウドサービスのコントロール
　　B. 利用企業と Microsoft が共有するコントロール
　　C. オンプレミス環境のコントロール
　　D. 利用企業が管理するコントロール

解説

　「自社のコントロール」とは、利用企業が管理するコントロールのことです。よって、D が正解です。A は「Microsoft が管理するコントロール」、B は「共有コントロール」のことです。C のようなコントロールの分類はありません。

[答] D

Q3　コンプライアンススコアに関する説明として、正しいものはどれですか？

A. 特定された脆弱性を改善するための推奨事項が提示され、それを修正することでスコアが向上する

B. スコアのパーセント値は、改善処置が完了したポイントの割合であり、これにより改善の進捗状況を把握できる

C. 特定の規制、標準、またはポリシーからのコントロール（管理要件）をグループ化したものである

D. 規制、標準、またはポリシーの要件のことである

解説

　コンプライアンススコアのパーセント値は、コンプライアンスマネージャーで示される「改善のための処置」が完了したポイントの割合であり、改善の進捗状況を表します。よって、B が正解です。A は Microsoft Defender for Cloud の「セキュリティスコア」、C はコンプライアンスマネージャーの「評価」、D はコンプライアンスマネージャーの「コントロール」の説明です。

[答] B

5.3 Microsoft Purview の情報保護とデータライフサイクル管理

　ここでは Microsoft Purview の機能として、情報保護とデータライフサイクル管理に関わる内容を学習します。

情報保護とデータライフサイクル管理の概要

　Microsoft Purview の主な機能として、情報保護とデータライフサイクル管理があります。

　Microsoft Purview は、企業が作成したデータを適切に管理、運用するための機能を提供しています。たとえば、個人情報や M&A に関する情報は企業において厳格に管理する必要があります。また、これらの情報は、その企業が指定した保管場所で適切なユーザーのみが使用できるようにする必要があります。「それならば、アクセス権で運用できるのでは？」と思うかもしれませんが、適切なアクセス権を持つユーザーが、そのファイルや情報にアクセスした後はどうなるでしょうか？たとえば、機密情報のファイルへのアクセス権を持つユーザーであれば、そのファイルを印刷することができます。また、ファイルをメールに添付したり、クラウドアプリにコピーや移動をしたりすることもできるでしょう。これらのアクションは企業にとって大きなリスクとなる可能性があります。このようなリスクへの対処をシステム的に行うことができるのが、Microsoft Purview が提供する情報保護機能です。

　企業が保護すべきデータは、一般的に、「ユーザーが作成し、情報保護を行いながら使用し、不要になったら削除する」というプロセスをたどります。このようなプロセスに従って管理を行うことを「データライフサイクル管理」と呼び、Microsoft Purview ではデータライフサイクル管理のための各種機能を提供しています。この情報保護のライフサイクルに必要な処理を大きく分けると、**図 5.3-1** のような流れになります。

Discover（検出）
- 機密情報タイプを定義し、機密情報が含まれていないか自動的に検出

Classify（分類）
- 分類とラベル付け

Monitor（監視）
- 保護された機密情報を監視する。機密情報をどのように使用・共有しているかを可視化し、ファイルが不適切に共有されたときはアクセス権を取り消すなど、どんな緊急の問題にも対処して修復できるような機能を提供

Protection（保護）
- 特定のラベルが付いたドキュメントに対して、任意の保護レベル（ドキュメントの暗号化やドキュメントへのアクセス権の制限のほか、視覚的なマーキングの適用、ユーザーへのポリシー通知など）を設定

図 5.3-1　データライフサイクル管理

　データライフサイクル管理の処理にはデータ分類があります。データ分類とは、コンテンツを識別したのちにラベル付けすることでデータの流れを理解するプロセスのことです。具体的には、データに対して

- 機密情報の種類
- トレーニング可能な分類子
- ラベル
- ポリシー

などのうち、1 つ以上を適用することで実現できます。

表 5.3-1　データ分類に必要なプロセス

名称	説明
機密情報の種類	データ分類においてデータ境界を理解するプロセスの 1 つです。クレジットカードや SSN（ソーシャルセキュリティ番号）など、正規表現や関数で識別できるパターンで定義します。
トレーニング可能な分類子	データ分類においてデータ境界を理解するプロセスの 1 つで機密情報の種類に該当しない請求書や契約書などを分類するために、AI と ML を使用します。これにより内容に基づいた項目を識別するようトレーニングします。
ラベル	ドキュメントに対するスタンプ（社外秘など）のことです。 ● 秘密度ラベル：保護オプションとしてコンテンツへの透かしや暗号化があります。 ● 保持ラベル：ポリシーにもとづいたコンテンツの保持期間です。
ポリシー	分類したデータをポリシーで管理します。 機密情報の種類や、トレーニング可能な分類子、ラベルを使用してポリシーで定義します。 ● 秘密度ラベルポリシー Office アプリ、SharePoint サイト、Office365 グループに対してコンテンツを保護します。 ● DLP（データ損失）ポリシー 主に情報漏えい対策として用いられます。機密情報の種類と保持ラベルを使用して、保護が必要な情報を含むコンテンツを識別します。 ● アイテム保持ポリシー サイトレベルやメールボックスレベルで同一の保持設定を割り当てます。 ● 保持ラベルポリシー アイテムレベル（フォルダ、ドキュメント、メール）で保持設定を割り当てます。

5

このようなプロセスをデータに適用することで情報保護を実現できます。

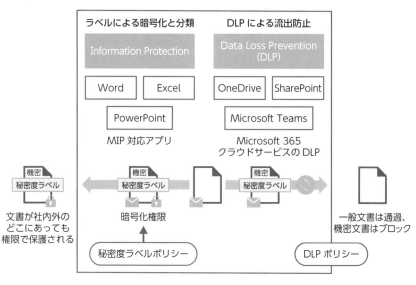

図 5.3-2　Microsoft Purview で実現する情報保護

データの分類

　Microsoft Purview コンプライアンスポータルから「データの分類」にアクセスすると、次のような機能やツールを利用することができます。

図 5.3-3　データ分類の画面

▶ 機密情報の種類

機密情報を識別するためのパターン（情報と一致するキーワードなどの要素）の設定です。あらかじめ、「クレジットカード番号」や「銀行口座番号」、「健康保険証番号」などのパターンが用意されています。それらをカスタマイズしたり、新規にオリジナルのパターンを作成したりすることも可能です。

▶ トレーニング可能な分類器

人工知能と機械学習を用いてデータを分類します。分類器には、あらかじめ学習済みで提供される分類器（組み込み）と、固有に学習させて作成可能な分類器（カスタム）の２種類があります。

▶ コンテンツエクスプローラー

分類されたデータを確認することができます。コンテンツエクスプローラーを使用すれば、スキャンされたファイルの内容を知ることができるため、この機能にアクセス可能なロールが制限されています。

▶ アクティビティエクスプローラー

機密情報が含まれたデータのコピーなど、各種操作の履歴を把握できます。また、次に説明する秘密度ラベルの機能でラベル付けされたドキュメントでは、ファイルの読み取りやラベルの変更などの操作履歴を確認することができます。

秘密度ラベル

秘密度ラベルの機能を使用すると、紙文書に「秘密」のスタンプを押すように、ドキュメントファイル（Word、Excel、PowerPoint など）や電子メール（Outlook）、サイト（SharePoint）などにラベルを付けたり、操作を制限したりすることができます。

秘密度ラベルの設定画面は、Microsoft Purview コンプライアンスポータルの「ソリューション」－「情報保護」からアクセスします。画面上の「ラベルの作成」項目より、たとえば「一般秘密」や「社外秘」といった名前を付けて、一般秘密では単にヘッダーやフッターなどにマーキングし、社外秘では透かしや暗号化を適用するよう設定します。作成したラベルを発行すると、ユーザーの Office アプリケーションなどのドキュメントでラベルが利用可能になります。

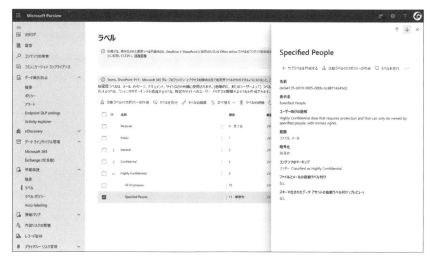

図 5.3-4　ラベル設定画面

秘密度ラベルは、**表 5.3-2** の特徴を持ちます。

表 5.3-2　秘密度ラベルの特徴

特徴	概要
カスタマイズが可能	ラベルの管理者は、企業の機密管理のルールにもとづいて、一般、社外秘、極秘などの分類を作成することができます。
クリアテキストで保存	ラベルは、ドキュメントファイルなどのメタデータ（属性情報）にクリアテキスト（プレーンテキスト）で保存されます。そのため、外部アプリケーションからでもラベルの内容を読み取ることができ、独自の保護を施すことが可能です。
永続的な保持	前述のようにラベルはメタデータに保存されるので、ドキュメントの保存場所を変えても、そのドキュメントと共にラベルが保持されます。

▶ ラベルポリシー

　ラベルポリシーとは、作成した秘密度ラベルをユーザーに発行（適用）する機能です。ラベルを表示できるユーザーまたはグループの選択や、ユーザーがラベルを削除または変更する際に理由の入力を求めるなどの設定が可能です。

図 5.3-5 ラベルポリシー設定画面

データ損失防止（DLP）

　Microsoft Purview コンプライアンスポータルでデータ損失防止（DLP）ポリシーを使用すると、機密情報を不注意により開示してしまうことを防げます。具体的には、OneDrive for Business、SharePoint Online、Microsoft Teams、Exchange Online などの機密データを特定および監視し、自動的に保護することが可能です。たとえば、ユーザーが Microsoft Teams のチャットで送信したメッセージに機密情報が含まれている場合、そのメッセージをブロックして、ブロックした理由を通知します。

図 5.3-6　DLP ポリシー設定画面

エンドポイントデータ損失防止

　エンドポイントデータ損失防止 (エンドポイント DLP) は、Windows 10、Windows 11、macOS ((2024 年 5 月現在における)3 つの最新リリースバージョン) のデバイスに保存されている機密データを、保護の対象として拡張します。

図 5.3-7　エンドポイントの DLP 設定画面

保持ポリシーと保持ラベル

保持ポリシーや保持ラベルを用いると、ドキュメントファイルや電子メール、メッセージなどの各種コンテンツを指定期間保持したり、指定期間後に削除したりすることが可能です。たとえば、法的に保管期間が定められている書類の保存や、一時的に公開するニュースリリース情報への適用（公開期間が終了したら削除）などが考えられます。

保持期間の設定は、OneDrive for Business、SharePoint Online、Microsoft Teams、Exchange Online、Yammer などのコンテンツに適用することができます。ただし、保持ポリシーでは、同一の設定をサイトやメールボックスなどに広く適用することになるため、フォルダやファイルに対して個別に設定を適用するには、保持ラベルを用います。

これらの構成は、Microsoft Purview のナビゲーションメニューにある、「データライフサイクル管理」の「アイテム保持ポリシー」や「ラベル」タブから行うことができます。

図 5.3-8　アイテム保持ポリシー設定画面

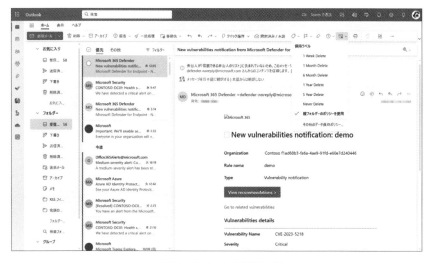

図 5.3-9　Outlook の保持ラベル

図 5.3-10　Outlook のアイテム保持ポリシー

POINT!

「秘密度ラベル」と「保持ラベル」の機能の違いを理解します。たとえば、「ファイルを指定期間保持するために、秘密度ラベルを使用する」という説明が正しいかどうか問われた場合に、誤りと判断できるようにしましょう。

レコード管理

レコード管理とは、企業が法規制の遵守を求められる重要なデータや、業務上で記録が必要なデータを管理する仕組みです。Microsoft Purview レコード管理では、ファイル計画の機能を使って、対象の各種コンテンツへレコードとしてマークする保持ラベルを作成します。保持ラベルは、保持期間などの設定を行い発行します。

図 5.3-11　レコード管理画面

知識確認テスト

Q1 データを分類する際に、健康保険証番号が含まれる情報の識別に用いる
のは、どの機能またはツールですか？

　　　A. トレーニング可能な分類器

　　　B. コンテンツエクスプローラー

　　　C. 秘密度ラベル

　　　D. 機密情報の種類

解説

　「機密情報の種類」は、健康保険証番号などの機密情報を識別するためのパターン
の設定です。よって、D が正解です。

［答］D

Q2 一部のドキュメントファイルのヘッダーに社外秘のマーキングを入れた
い場合、どの機能を用いますか？

　　　A. トレーニング可能な分類器

　　　B. コンテンツエクスプローラー

　　　C. 秘密度ラベル

　　　D. 保持ポリシーと保持ラベル

解説

　「秘密度ラベル」を用いることで、ヘッダーやフッターなどにマーキングすること
ができます。よって、C が正解です。

［答］C

Q3 ユーザーが OneDrive for Business 上で、機密情報が含まれたデータファイルを誤って共有することを防ぎたい場合、どの機能を用いますか？

A. データ損失防止 (DLP) ポリシー

B. コンテンツエクスプローラー

C. トレーニング可能な分類器

D. 保持ポリシーと保持ラベル

解説

「データ損失防止（DLP）ポリシー」を用いることで、機密情報を不注意により開示してしまうことを防げます。よって、A が正解です。

[答] A

Q4 5 年間保存する必要があるデータファイルをユーザーが誤って削除することを防ぎたい場合、どの機能を用いますか？

A. データ損失防止ポリシー

B. コンテンツエクスプローラー

C. トレーニング可能な分類器

D. 保持ポリシーと保持ラベル

解説

保持ポリシーや保持ラベルを用いることで、各種コンテンツを指定期間保持することができます。よって、D が正解です。

[答] D

5.4 Microsoft Purview の インサイダーリスク管理

企業などの組織は、内部の人間による犯行（インサイダー）のリスクにも留意する必要があります。実際、従業員が退職時に機密情報を社外に持ち出すなどの事例が見受けられます。ここでは、Microsoft Purview のインサイダーリスク管理ソリューション、通信コンプライアンス、情報バリアによる保護を学習します。

インサイダーリスク管理ソリューション

企業は、退職者による情報の持ち出しや、コミュニケーションにおけるハラスメントなどに適切に対処して、コンプライアンス違反を防止する必要があります。しかしながら、コンプライアンス違反に気づくのは、すでに違反が発生した後で、問題が顕在化した場合が多いのが実際でしょう。こうした内部関係者による機密情報や知的財産に関わるデータの漏えい、法令順守違反や機密保持違反などが行われることをインサイダーリスクといいます。内部関係者による犯行は、情報に対する正規のアクセス権限を持つ人物によってなされるケースが多いのが特徴です。そこで、犯行や不正を想定した対策を立てることが重要ですが、一般的に企業が直接コントロールすることは難しいので、リスクを最小限に抑えるためのソリューションが求められます。

内部関係者による犯行への対策としては、次のものがあります。

- 実行しにくくする（重要なデータを持ち出せないなど）
- 発覚しやすくする（操作やデータコピーのログが残るなど）
- 教育する（倫理的に許されない行為であることをしっかり認識させるなど）
- リスクが高いことを認知させる（リスクに見合わない行為であることを理解させる）

　Microsoft Purview が提供するインサイダーリスク管理は、「**発覚しやすくする**」部分を担当するソリューションです。後述する「コミュニケーションコンプライアンス」や「情報バリア」の機能により、内部不正やコンプライアンス違反につながるアクティビティを検出、調査、および対処することで、インサイダーリスクを最小限に抑えることができます。なお、インサイダーリスク管理ソリューションには、Microsoft Purview コンプライアンスポータルからアクセスします。

　Microsoft Purview のインサイダーリスク管理ソリューションを利用するにあたって、あらかじめ**表 5.4-1** の原則を理解しておく必要があります。

表 5.4-1　インサイダーリスク管理の原則

原則	内容
透明性	ユーザーのプライバシーと企業のリスクとのバランスを図ります。
構成可能	業界、地域、産業分野などを考慮したポリシー（検出のためのルール）の構成を可能にします。
統合	後述するワークフロー（**図 5.4-1**）により、Microsoft Purview コンプライアンスソリューション全体を統合します。
アクション可能	データやユーザーの調査を行うための分析情報を提供します。

　インサイダーリスクの管理者などは、**図 5.4-1** のワークフローでリスクを特定して対処を行います。

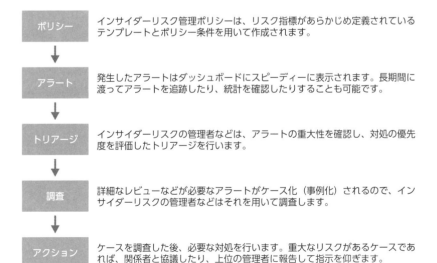

| ポリシー | インサイダーリスク管理ポリシーは、リスク指標があらかじめ定義されているテンプレートとポリシー条件を用いて作成されます。 |

| アラート | 発生したアラートはダッシュボードにスピーディーに表示されます。長期間に渡ってアラートを追跡したり、統計を確認したりすることも可能です。 |

| トリアージ | インサイダーリスクの管理者などは、アラートの重大性を確認し、対処の優先度を評価したトリアージを行います。 |

| 調査 | 詳細なレビューなどが必要なアラートがケース化（事例化）されるので、インサイダーリスクの管理者などはそれを用いて調査します。 |

| アクション | ケースを調査した後、必要な対処を行います。重大なリスクがあるケースであれば、関係者と協議したり、上位の管理者に報告して指示を仰ぎます。 |

図 5.4-1　インサイダーリスク管理のワークフロー

コミュニケーションコンプライアンス

　Microsoft Purview のコミュニケーションコンプライアンスでは、電子メールや Microsoft Teams、Yammer などの不適切なメッセージを検出、調査、および対処することにより、コミュニケーションにおけるリスクを低減します。

　具体的には、**図 5.4-2** のワークフローで、コンプライアンスにおける問題を解決します。

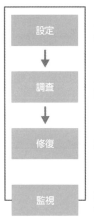

設定　　インサイダーリスクの管理者などは、コンプライアンス要件を満たすコミュニケーションコンプライアンスポリシーを、**図 5.4-3** の画面から設定します。

調査　　インサイダーリスクの管理者などは、検出されたアラートやメッセージのレビューなどにより、リスクの詳細を調査します。

修復　　コミュニケーションコンプライアンスの問題を修正します。

監視　　コミュニケーションコンプライアンスポリシーによって特定された問題の追跡と管理を行います。

図 5.4-2　コミュニケーションコンプライアンスのワークフロー

　図 5.4-2 に示した「コミュニケーションコンプライアンスポリシー」は、Microsoft Purview のナビゲーションメニューにある「コミュニケーションコンプライアンス」ページの「ポリシー」タブから作成します。

図 5.4-3 コミュニケーションコンプライアンスのポリシー設定画面

情報バリア

　情報バリアとは、内部情報の保護を目的に、特定のユーザー間または特定のグルー
プ間のコミュニケーションを制限する機能です。これにより、たとえば営業担当者
が顧客から受け取ったビジネス情報を、競合企業を担当する他の営業担当者のアク
セスから保護することができます。

　情報バリアは、Microsoft Teams、OneDrive for Business、SharePoint Online な
どで利用できます。たとえば Microsoft Teams では、情報バリアのポリシー設定に
より、未承認のユーザーの検索、チームへのメンバー追加、チャットや通話の開始、
ミーティングへの招待、画面やファイルの共有などのコミュニケーションを制限す
ることが可能です。

> **POINT!**
>
> 「コミュニケーションコンプライアンス」と「情報バリア」の機能の違いを理解しま
> す。たとえば、「メンバー間のコミュニケーションを制限するために、コミュニケー
> ションコンプライアンスを使用する」という説明が正しいかどうか問われた場合
> に、誤りと判断できるようにしておきます。

知識確認テスト

Q1　Microsoft Purview によるインサイダーリスク管理の説明として、適切なものはどれですか？

    A. マルウェア感染による被害が組織内に拡大するのを防ぐ

    B. 従業員の操作ミスなどによる重要データの損失を防ぐ

    C. ソフトウェアの脆弱性を狙ったサイバー攻撃から内部の情報資産を守る

    D. 従業員による機密情報の漏えいリスクなどを低減する

解説

　インサイダーリスク管理は、従業員による機密情報の漏えいなど、内部不正のリスクを低減します。よって、D が正解です。A、B、C は、インサイダーリスク管理の説明としては不適切です。

[答] D

Q2　コンプライアンス違反となるハラスメント用語などのメッセージをチェックしたい場合、Microsoft Purview のどのソリューションを用いるべきですか？

    A. コミュニケーションコンプライアンス

    B. 情報バリア

    C. 秘密度ラベル

    D. トレーニング可能な分類器

解説

　コミュニケーションコンプライアンスは、電子メールなどの不適切なメッセージを検出、調査、および対処することで、コミュニケーションにおけるリスクを低減

します。よって、A が正解です。

[答] A

Q3　ビジネス上の利益相反が生じる事業部間で、Microsoft Teams によるオンライン会議への参加を制限する必要がある場合、Microsoft Purview のどのソリューションを用いるべきですか？

A. コミュニケーションコンプライアンス

B. 情報バリア

C. 秘密度ラベル

D. トレーニング可能な分類器

解説

　情報バリアは、Microsoft Teams でのコミュニケーションを制限することができます。よって、B が正解です。

[答] B

5.5 Azure の リソースガバナンス機能

ここでは、Azure のリソースガバナンス機能として、Azure Policy と Azure Blueprints、Microsoft Purview ガバナンスポータルに関わる内容を学習します。

Azure Policy

Azure Policy とは、Azure リソースを、企業が定めたルールに準拠させる仕組みです。これにより、新規または既存のリソースの設定内容を制限（たとえば、特定のリージョンに限定）したり、ルールに違反しているリソースを調査（ポリシーへの準拠を評価）したり、準拠していないリソースを自動修復（修復タスクを使用）したりすることができます。

Azure Policy を使用するには「ポリシー定義」を作成します。また、複数のポリシー定義をまとめたものを「イニシアティブ定義」と呼び、それらを管理グループ（複数の Azure サブスクリプションをまとめてグループ化したもの）や Azure サブスクリプション（各種リソースをまとめた契約単位）、リソースグループ（リソースをグループ化したもの）に割り当てます。ポリシーに準拠していないリソースは、Azure Portal の画面から確認することができます。

Azure RBAC によるロールの付与と Azure Policy による保護の違いは、Azure RBAC がユーザーやグループに対してリソースへの操作を制限するのに対し、Azure Policy はリソースそのものに制限を加えます。

Azure Blueprints

Azure Blueprints は、企業で標準化した Azure のリソース環境をテンプレート化する仕組みです。適用する Azure Policy や RBAC ロール、ARM テンプレート、リソースグループをまとめて定義します。そして、**図 5.5-1** のように、定義した

Azure Blueprints を複数の Azure サブスクリプションへ割り当てて、リソースの統制を図ることができます。

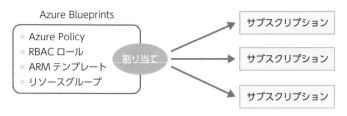

図 5.5-1　Azure Blueprints を使った Azure Policy などの割り当て

> **POINT!**
>
> 2026 年 7 月 11 日に、Blueprints（プレビュー）は非推奨になります。

Microsoft Purview ガバナンスポータル

　企業が使用するデータは、1 か所だけに保管されるわけではなく、さまざまプラットフォームやソリューションに分散していることがあります。Microsoft Purview ガバナンスポータルは、オンプレミス、マルチクラウド、SaaS などのデータを統合管理するためのガバナンス機能です。

　Microsoft Purview ガバナンスポータルは、Azure やオンプレミス環境のデータをスキャンしてデータカタログを自動的に作成します。さらに、機密性のあるデータを自動的に分類します。

　作成したデータカタログを公開することで、企業が使用しているデータと、その格納場所を簡単に検索できます。これにより、作成するデータの重複や同じようなシステムの乱立を防げます。このようなデータカタログは分析環境などでよく使用されます。

　しかし、セキュリティ面では、そのデータをすべてのユーザーが閲覧できることはリスクになります。そこで Microsoft Purview ガバナンスポータルでは、保存場所やタイトルなどのメタデータのみを公開することで、検索はできるが許可されたユーザー以外はデータを閲覧できない環境を提供しています。

図 5.5-2　Microsoft Purview ガバナンスポータルの画面

　Microsoft Purview のガバナンスポータルでは、**表 5.5-1** の機能を提供していま
す。無料版では機能が制限されていますが、エンタープライズ版にアップグレード
するとすべての機能が使用できます。

表 5.5-1　Microsoft Purview ガバナンスポータルの機能

機能	概要
Data Map (データマップ)	データ管理者などは、データソース (Azure、オンプレミスの SQL Server、Amazon S3 など) を登録してスキャンすることで、メタデータを取り込み、データの識別および分類ができます。
Data Catalog (データカタログ)	Data Map で取り込まれたデータを検索する機能です。画面の検索欄にキーワードを入力して実行することで、複数のデータソースから取り込まれたデータの中から、キーワードに一致する結果を絞り込むことができます。
Data Estate Insights (データ資産の分析情報)	Data Map で取り込まれたデータを、グラフや表で可視化し、全体を俯瞰して確認することが可能です。
データ共有	Data Map で取り込まれたデータを、社内や、社外の組織間で安全に共有できます。

>> POINT!

Microsoft Purview ガバナンスポータルは、Azure のリソースガバナンス機能です。5.2 節で紹介した「Microsoft Purview のコンプライアンス管理機能」と混同しないよう注意しましょう。両者とも "Purview" という単語が含まれていますが、用途はまったく異なります。

知識確認テスト

Q1 開発担当者は、自社のポリシーに合致した App Service のリソースを展開したいと考えています。この場合、どの機能を用いるべきですか？

    A. Azure Policy

    B. Azure Blueprints

    C. Data Catalog

    D. Data Estate Insights

解説

  Azure Blueprints は、Azure のリソース環境をテンプレート化して適用することができます。よって、B が正解です。A の「Azure Policy」はリソースの設定に関するルールそのものであり、C の「Data Catalog」と D の「Data Estate Insights」は Microsoft Purview ガバナンスポータルの機能です。

[答] B

Q2 Microsoft Purview ガバナンスポータルの機能として、オンプレミスやマルチクラウド環境などのデータソースからメタデータを取り込み、データを識別および分類するのはどれですか？

    A. データ共有

    B. Data Map

    C. Data Catalog

    D. Data Estate Insights

解説

  Data Map は、オンプレミスやマルチクラウド環境などのデータソースを登録してスキャンすることで、メタデータを取り込み、データの識別および分類ができま

す。よって、B が正解です。A、C、D は、Microsoft Purview ガバナンスポータルの機能ですが、メタデータの取り込みや、データの識別および分類はできません。

[答] B

Q3 自社のテナントでは、部署ごとに次のサブスクリプションを使用しています。

部署	サブスクリプション名
IT	Sub1
営業	Sub2
経理	Sub3

全社共通のポリシーを適用するにはどの方法が最も適切ですか？

A. それぞれのサブスクリプションにポリシーを適用する

B. それぞれの管理グループを作成してサブスクリプションを入れる。それぞれの管理グループにポリシーを適用する

C. 1 つの管理グループを作成し、すべてのサブスクリプションを入れる。管理グループにポリシーを適用する

D. 管理単位を作成して、すべてのサブスクリプションを入れる。管理単位にポリシーを適用する

解説

　管理グループはサブスクリプションをまとめることができます。管理グループに適用したポリシーはサブスクリプションに継承されます。よって、C が正解です。A や B の方法でもポリシーを適用することはできますが、効率が悪いです。D の管理単位にポリシーを適用することはできません。

[答] C

第6章

6

模擬試験

　本章では、実際の試験問題を想定した模擬試験問題を掲載しています。知識のおさらいとして活用してください。

6.1 模擬試験問題

Q1　Microsoft Purview について、説明が正しい場合は「はい」、正しくない場合は「いいえ」を選択してください。

説明	はい	いいえ
ガバナンスポータルは、オンプレミスやマルチクラウド環境、SaaS のデータ管理を統合することができる	○	○
レコード管理では、ドキュメントの保持期間と保持期間の経過後に削除するアクションを設定できる	○	○
データの漏えいを防ぐための暗号化（改善のための処置）は、修正のアクションとしてコンプライアンススコアのポイントが割り当てられる	○	○
秘密度ラベルを用いて、クレジットカード番号や財務データなどの機密情報が外部に漏えいしないようにする	○	○

Q2　Azure Policy について、正しい記述を 2 つ選択してください。

A. 組織に適したオリジナルのポリシーを作成することはできない

B. 新規に作成されたリソースにポリシーを適用することができる

C. 既存のリソースがポリシーに準拠しているかどうかを評価することができる

D. ポリシーに準拠していないリソースを自動修復することはできない

Q3 組織の規則、標準、またはポリシーに準拠している状況が確認できるスコアを 1 つ選択してください。

A. セキュリティスコア

B. コンプライアンススコア

C. リスクスコア

D. 準拠スコア

Q4 空欄に当てはまる記述を選択してください。

Microsoft Sentinel でデータを収集する際、最初に [   ] が必要である。

A. データソースへの接続

B. 対話型レポートの作成

C. プレイブックを使った既存ツールとの連携

D. Microsoft Sentinel コミュニティからのコンテンツダウンロード

Q5 Microsoft Sentinel の機能について、右側の記述 1〜3 に当てはまる項目を左側の A〜D からそれぞれ選択してください。

A. 収集　　　1. 脅威を調査して重大なインシデントを発見する

B. 検出　　　2. インフラストラクチャ全体のデータを収集する

C. 調査　　　3. 発見したインシデントへの迅速な対処を可能にする

D. 対応

Q6　Microsoft Defender XDR について、説明が正しい場合は「はい」、正しくない場合は「いいえ」を選択してください。

説明	はい	いいえ
Microsoft Defender for Endpoint は、シャドーIT の使用を検出して制御できる	○	○
Microsoft Defender for Identity は、ユーザーID の保護と攻撃面の緩和を図る	○	○
Microsoft Defender for Cloud Apps は、高度なサイバー攻撃の脅威に対する自動調査と修復機能を持つ	○	○
Microsoft Defender for Office 365 は、電子メールの添付ファイルや URL リンクを検査する	○	○

Q7　空欄に当てはまる用語を選択してください。

単一のセキュリティ境界に依存することなく、　　　　　　　　により階層ごとに複数の保護で強固に守る。

A. ゼロトラストモデル

B. 多層防御

C. エンドポイント対策

D. ID 保護

Q8　右側の記述 1〜3 は、情報セキュリティ対策について述べたものです。1〜3 に関係する情報セキュリティの基本要素を、左側の A〜D からそれぞれ選択してください。

A. 可用性　　　　1. 秘密情報を暗号化する

B. 完全性　　　　2. 重要なシステムを二重化する

C. 信頼性　　　　3. データの改ざんを防ぐ

D. 機密性

Q9　ID インフラストラクチャについて、右側の記述 1〜3 に当てはまる項目を、左側の A〜D からそれぞれ選択してください。

A. 管理　　1. ユーザーが本人であることを確認する

B. 認証　　2. ユーザーがサービスを利用できるよう権限を付与する

C. 認可　　3. ユーザーのアクティビティを確認する

D. 監査

Q10　アプリケーションを Microsoft Entra ID に登録すると作成される ID を 1 つ選択してください。

A. アプリケーションアカウント

B. ユーザーアカウント

C. サービスプリンシパル

D. ハイブリッド ID

Q11　ハイブリッド ID について、説明が正しい場合は「はい」、正しくない場合は「いいえ」を選択してください。

説明	はい	いいえ
複数の Microsoft Entra ID テナントを連携させて利用する	○	○
ハイブリッド環境を構成するには、Microsoft Entra Connect が必要である	○	○
認証方式の 1 つとして、「Microsoft Entra ID パスワードハッシュの同期」がある	○	○
オンプレミスの環境とクラウド環境を組み合わせて利用できる	○	○

Q12 データ損失防止 (DLP) について、正しい説明を 1 つ選択してください。

    A. ドキュメントのヘッダーやフッターに " 秘密 " をマーキングする

    B. 機密情報を含んだ OneDrive for Business、SharePoint Online、Microsoft Teams のドキュメントを保護する

    C. Microsoft Teams のチャットのメッセージを保護することはできない

    D. データ損失防止ポリシーにより自動でドキュメントを暗号化する

Q13 特定のユーザー間でのコミュニケーションや情報共有を禁止することができる Microsoft Purview の機能を 1 つ選択してください。

    A. インサイダーリスク管理

    B. 秘密度ラベル

    C. 情報バリア

    D. 通信コンプライアンス

Q14 Microsoft のプライバシー原則について、右側の記述 1〜3 に当てはまる項目を左側の A〜D からそれぞれ選択してください。

    A. 管理　　　　　　　　　**1.** 顧客から提供されたデータを暗号化で保護する

    B. 透明性

    C. セキュリティ　　　　　**2.** 顧客自身がデータとプライバシーを管理できるようにする

    D. 厳格な法的保護

    3. プライバシーに関する地域の法規制を遵守する

Q15 空欄に当てはまる用語を選択してください。

クラウドサービスが ISO（国際標準化機構）の国際規格に準拠していることを示す証明書を確認するには、□□□□□□□からアクセスする。

A. Azure Portal

B. Service Trust Portal

C. Microsoft Purview コンプライアンスポータル

D. Microsoft Purview ガバナンスポータル

Q16 デバイス ID について、右側の記述 1～3 に当てはまる項目を左側の A～D からそれぞれ選択してください。

A. Microsoft Entra 参加済みデバイス

B. Microsoft Entra 登録済みデバイス

C. Microsoft Entra ハイブリッド参加済み

D. Microsoft Entra ハイブリッド登録済み

1. 個人所有のデバイスが利用できる

2. オンプレミスの AD と Microsoft Entra ID の両方に参加する

3. Microsoft Entra ID のアカウントでサインインする

Q17 Windows Hello for Business で使用できる認証要素を 2 つ選択してください。

A. PIN

B. 顔認証

C. セキュリティキー

D. パスワード

Q18　条件付きアクセスについて、正しい記述を 2 つ選択してください。

A. 条件付きアクセスのポリシーは、アクセス権を付与した後に適用される

B. ユーザーリスクやサインインリスクのレベルを条件にすることができる

C. ユーザーがアクセスする場所を条件にすることはできない

D. ユーザーが特定のデータへアクセスする際に、多要素認証を要求できる

Q19　Microsoft Entra Identity Protection の機能について、正しい記述を 2 つ選択してください。

A. マルウェアに関連した IP アドレスからのサインインを検出する

B. ユーザーリスクを 4 段階のレベルで判定する

C. DDoS 攻撃を検出する

D. リスクのレベルをもとに、条件付きアクセスを用いてユーザーに多要素認証を要求できる

Q20　ID プロバイダーについて、正しい記述を 2 つ選択してください。

A. 基本認証の仕組みとしてアクセストークンを用いる

B. フェデレーションとは、ID プロバイダー間で信頼関係を確立することである

C. シングルサインオンを複数の ID プロバイダー間で連携することはできない

D. Microsoft Entra ID は、ID プロバイダーの 1 つである

Q21 暗号化について、正しい記述を 2 つ選択してください。

    A. ハッシュは、暗号化方式の 1 つである

    B. 公開鍵暗号方式では、公開鍵の受け渡しに十分注意する必要がある

    C. 共通鍵暗号方式は、公開鍵暗号方式と比べて処理が高速である

    D. 共通鍵暗号方式では、暗号化と復号に異なる鍵を用いることはできない

Q22 Azure のデータの暗号化に関して、右側の記述 1〜3 に当てはまる項目を左側の A〜D からそれぞれ選択してください。

    A. Azure Key Vault

    B. Azure Disk Encryption

    C. 透過的なデータ暗号化 (TDE)

    D. Azure Storage Service Encryption

    1. Azure Blob Storage のデータを暗号化する

    2. アプリケーションの暗号鍵を管理する

    3. Azure SQL Database のデータを暗号化する

Q23 Azure Firewall を使って保護できるリソースを 2 つ選択してください。

    A. Microsoft OneDrive

    B. オンプレミスのネットワーク

    C. 仮想マシン

    D. 仮想ネットワーク

6

Q24 オンプレミスの Active Directory のデータを使用してユーザーの ID を
保護するサービスを、1 つ選択してください。

    A. Microsoft Defender for Endpoint

    B. Microsoft Defender for Office 365

    C. Microsoft Defender for Cloud

    D. Microsoft Defender for Identity

Q25 Microsoft Purview のインサイダーリスク管理の原則について、右側の
記述 1～3 に当てはまる項目を左側の A～D からそれぞれ選択してくだ
さい。

A. 透明性	**1.** ユーザーの調査を行うための分析情報を提供する
B. アクション可能	
C. 統合	**2.** 構成可能なポリシーは業界、地域、産業分野などに基づく
D. 構成可能	
	3. ユーザーのプライバシーと組織のリスクのバランスを取る

Q26 Microsoft Purview のインサイダーリスク管理のワークフローにて、
ダッシュボード内のケース化されたアラートの詳細を使用するステップ
を、1 つ選択してください。

    A. アクション

    B. トリアージ

    C. アラート

    D. 調査

Q27 Azure のリソースガバナンスについて、説明が正しい場合は「はい」、正しくない場合は「いいえ」を選択してください。

説明	はい	いいえ
Azure Blueprints を用いることで、テンプレート化したリソースを割り当てることができる	○	○
Azure Policy は、リソースへの操作を制限することができる	○	○
Microsoft Purview ガバナンスポータルのデータマップを使用することで、オンプレミス環境のデータを取り込むことができる	○	○
Microsoft Purview ガバナンスポータルのデータカタログを使用することで、関連するデータの所在を検索できる	○	○

Q28 Microsoft Entra ID に登録されたデバイスからのサインイン時に多要素認証 (MFA) を要求するための方法として、適切なものを 1 つ選択してください。

A. Privileged Identity Management (PIM) を使用する

B. Microsoft Defender の機能を用いる

C. B2B コラボレーションの機能を用いる

D. 条件付きアクセスを使用する

Q29 Microsoft Entra ID の ID 保護について、説明が正しい場合は「はい」、正しくない場合は「いいえ」を選択してください。

説明	はい	いいえ
エンタイトルメント管理は、Microsoft 365 サービスのサブスクリプションで利用できる	○	○
アクセスレビューを用いて、ユーザーの特権が継続的に必要かどうかを確認することができる	○	○
利用規約を用いることで、ID やアクセスのライフサイクルを効率的に管理できる	○	○
ユーザーリスクとは、ID の所有者からのアクセスではない認証要求の可能性を示す	○	○

6

Q30　空欄に当てはまる用語を選択してください。

Microsoft Entra ID のフェデレーション認証は、［　　　　　　　］を経由して認証する。

- **A.** AD FS
- **B.** Microsoft Entra Connect
- **C.** 認証エージェント
- **D.** パスワードハッシュ

Q31　クラウドサービスの責任範囲について、正しい記述を 2 つ選択してください。

- **A.** PaaS の OS のアップデートは、ユーザーの責任である
- **B.** SaaS のアプリケーションのアップデートは、プロバイダーの責任である
- **C.** IaaS のネットワーク制御は、ユーザーとプロバイダーの共同責任である
- **D.** アプリケーションのデータ管理は、SaaS、PaaS、IaaS のいずれの形態でもユーザーの責任である

Q32　一定の時間だけユーザーに特権を付与することができる Microsoft Entra ID の機能を 1 つ選択してください。

- **A.** 組み込みロール
- **B.** Azure Identity Protection
- **C.** 条件付きアクセス
- **D.** Privileged Identity Management

Q33 Microsoft Entra ID ロールの機能について、正しい記述を 2 つ選択してください。

- **A.** グローバル管理者は、Microsoft Entra ID 組み込みロールの 1 つである
- **B.** セキュリティ管理者は、Azure の各種サービスごとに付与する必要がある
- **C.** 組織固有のルールをロールとして定義することはできない
- **D.** ユーザーの管理を行うために、グローバル管理者のロールを付与すべきではない

Q34 Microsoft Defender for Cloud について、説明が正しい場合は「はい」、正しくない場合は「いいえ」を選択してください。

説明	はい	いいえ
オンプレミスのワークロードは保護の対象にできない	○	○
不審なユーザーからのアクセスを防ぐことができる	○	○
ID のリスクを検出することができる	○	○
App Service で実行されるアプリケーションをターゲットにした脅威を識別できる	○	○

Q35 空欄に当てはまる用語を選択してください。

Microsoft Defender for Cloud は、クラウドリソースに対して＿＿＿＿＿＿＿なセキュリティ評価を行う。

- **A.** リアルタイム
- **B.** 定期的
- **C.** 継続的
- **D.** 一時的

Q36 Azure のセキュリティ機能について、説明が正しい場合は「はい」、正しくない場合は「いいえ」を選択してください。

説明	はい	いいえ
ネットワークセキュリティグループ (NSG) では、NAT 機能により IP アドレスを変換できる	○	○
Azure Bastion を使用することで、リモートから安全に仮想ネットワークに接続できる	○	○
仮想ネットワークのサブネットには、複数のネットワークセキュリティグループを関連付けできる	○	○
Microsoft Defender for Cloud を用いることで、Just-In-Time VM アクセスのために NSG の設定を変更できる	○	○

Q37 セキュリティスコアについて、正しい記述を 2 つ選択してください。

A. セキュリティの脅威に晒される確率を示す

B. スコアが低いほど、識別されたリスクレベルが低い

C. 提示された推奨事項に対処するとセキュリティ状態が改善する

D. 現在のセキュリティの状況をひとめで確認できる

Q38 公開鍵暗号方式で暗号化されたデータの受信者が、送信者が正しい相手なのか検証するために使用する鍵を 1 つ選択してください。

A. 送信者の公開鍵

B. 受信者の公開鍵

C. 送信者の秘密鍵

D. 受信者の秘密鍵

Q39 ゼロトラストモデルの原則について、説明が正しい場合は「はい」、正しくない場合は「いいえ」を選択してください。

説明	はい	いいえ
基本原則として「誰も信用しない、すべてを確認する」がある	◯	◯
「明示的に確認する」とは、ユーザー、デバイス、サービスなどを常に認証し、承認を行うことである	◯	◯
「特権アクセスの最小化」とは、ユーザーに特権を与えないことである	◯	◯
「侵害を想定する」の対応例として、ネットワークのセグメント化やデータの暗号化などにより侵害の影響を抑えることが挙げられる	◯	◯

Q40 Microsoft Defender for Cloud について、正しい記述を2つ選択してください。

A. Azure サブスクリプションにて無料で使用できる機能がある

B. クラウドリソースの不適切な設定などを検出して保護することができる

C. 保護対象のクラウド環境は、Microsoft Azure に限定される

D. Defender プランの1つに Microsoft Defender for Cloud Apps がある

Q41 空欄に当てはまる用語を選択してください。

Microsoft Defender XDR ポータルから［　　　　　　］の機能にアクセスして、最新の脅威を確認することができる。

A. インシデントとアラート

B. ハンティング

C. 脅威の分析

D. セキュリティスコア

Q42　Microsoft Purview コンプライアンスマネージャーについて、誤っている説明を 1 つ選択してください。

A. 企業の情報ガバナンスリスク評価として、コンプライアンススコアを提示する

B. ISO/IEC 27001 の要求事項（管理策）への適合状況を評価する

C. コンプライアンススコア向上のために、「改善のための処置」を提案する

D. Microsoft Purview ガバナンスポータルからアクセスすることができる

Q43　Microsoft Purview のインサイダーリスクについて、正しい記述を 2 つ選択してください。

A. 従業員による機密情報漏えいは、インサイダーリスクの 1 つである

B. 通信コンプライアンスでは、従業員による不正アクセスを防ぐことができる

C. 情報バリアは、Microsoft Teams での内部不正に関するメッセージを検出する

D. Microsoft Purview コンプライアンスポータルから、インサイダーリスク管理ソリューションにアクセスする

6.2 模擬試験問題の解答と解説

Q1 （第5章）

正解は［答］欄の表のとおりです。データの漏えいを防ぐための暗号化（改善のための処置）は、特定のリスクに対処するための「予防のアクション」としてコンプライアンススコア値が割り当てられます。また、秘密度ラベルは、ドキュメントファイルにラベル付けや操作の制限などを行う機能であり、データ損失防止（DLP）のように機密情報の漏えいを防止するものではありません。

［答］

説明	はい	いいえ
ガバナンスポータルは、オンプレミスやマルチクラウド環境、SaaS のデータ管理を統合することができる	●	○
レコード管理では、ドキュメントの保持期間と保持期間の経過後に削除するアクションを設定できる	●	○
データの漏えいを防ぐための暗号化（改善のための処置）は、修正のアクションとしてコンプライアンススコア値が割り当てられる	○	●
秘密度ラベルを用いて、クレジットカード番号や財務データなどの機密情報が外部に漏えいしないようにする	○	●

Q2 （第5章）

B と C が正解です。Azure Policy は、組織に適したオリジナルのポリシーを作成することができます。また、自動修復する機能（修復タスク）を使って、ルールに違反するリソースに対処することができます。

［答］ B、C

Q3　(第 5 章)

コンプライアンススコアは、企業の規制、標準、またはポリシーの要件への準拠を評価し、改善の進捗状況（準拠している状況）を示します。よって、B が正解です。

[答] B

Q4　(第 4 章)

Microsoft Sentinel を使用する際、最初にデータを収集するための「データソースへの接続」が必要です。よって、A が正解です。

[答] A

Q5　(第 4 章)

脅威を調査して重大なインシデントを発見するのは「調査」、インフラストラクチャ全体のデータを収集するのは「収集」、発見したインシデントへの迅速な対処を可能にするのは「対応」です。よって、1 は C、2 は A、3 は D が正解です。B の「検出」は、収集したデータを膨大な脅威インテリジェンスにより分析し、新たな脅威を検出します。

[答] 1 = C、2 = A、3 = D

Q6　(第 4 章)

正解は [答] 欄の表のとおりです。シャドーIT の使用を検出して制御できるのは「Microsoft Defender for Cloud Apps」です。また、高度なサイバー攻撃の脅威に対する自動調査と修復機能を持つのは「Microsoft Defender for Endpoint」です。

[答]

説明	はい	いいえ
Microsoft Defender for Endpoint は、シャドーIT の使用を検出して制御できる	○	●
Microsoft Defender for Identity は、ユーザーID の保護と攻撃面の緩和を図る	●	○
Microsoft Defender for Cloud Apps は、高度なサイバー攻撃の脅威に対する自動調査と修復機能を持つ	○	●
Microsoft Defender for Office 365 は、電子メールの添付ファイルや URL リンクを検査する	●	○

Q7 (第2章)

　単一のセキュリティ境界に依存することなく、階層ごとに複数の保護で強固に守るのは「多層防御」です。よって、B が正解です。

[答] B

Q8. (第2章)

　秘密情報を暗号化するのは「機密性」、重要なシステムを二重化するのは「可用性」、データの改ざんを防ぐのは「完全性」です。よって、1 は D、2 は A、3 は B が正解です。なお、C の「信頼性」は、情報セキュリティの 3 要素（機密性、完全性、可用性）に 4 つの新要素（真正性、信頼性、責任追跡性、否認防止）を加えた 7 要素に含まれるものです。試験で具体的な内容が問われることはありません。

[答] 1 = D、2 = A、3 = B

Q9 (第2章)

　ユーザーが本人であることを確認するのは「認証」、ユーザーがサービスを利用できるよう権限を付与するのは「認可（承認）」、ユーザーのアクティビティを確認するのは「監査」です。よって、1 は B、2 は C、3 は D が正解です。A の「管理」は、ユーザー、デバイス、およびサービスの ID を作成し、管理することです。

[答] 1 = B、2 = C、3 = D

Q10　(第 3 章)

　アプリケーションを Microsoft Entra ID に登録すると作成される ID は「サービスプリンシパル」です。よって、C が正解です。A の「アプリケーションアカウント」という ID は、Azure にはありません。

[答] C

Q11　(第 3 章)

　正解は [答] 欄の表のとおりです。ハイブリッド ID を利用するにあたって、複数の Microsoft Entra ID テナントを連携させる必要はありません。

[答]

説明	はい	いいえ
複数の Microsoft Entra ID テナントを連携させて利用する	○	●
ハイブリッド環境を構成するには、Microsoft Entra Connect が必要である	●	○
認証方式の 1 つとして、「Microsoft Entra ID パスワードハッシュの同期」がある	●	○
オンプレミスの環境とクラウド環境を組み合わせて利用できる	●	○

Q12　(第 5 章)

　データ損失防止 (DLP) により、機密情報を含んだ OneDrive for Business、SharePoint Online、Microsoft Teams のドキュメントを保護することができます。Microsoft Teams のチャットのメッセージを保護することも可能です。ただし、データ損失防止 (DLP) には、データを暗号化する機能はありません。また、A は「秘密度ラベル」の説明です。よって、B が正解です。

[答] B

Q13 (第5章)

特定のユーザー間でのコミュニケーションや情報共有を禁止することができるのは「情報バリア」の機能です。よって、Cが正解です。

[答] C

Q14 (第5章)

顧客から提供されたデータを暗号化で保護するのは「セキュリティ」、顧客自身がデータとプライバシーを管理できるようにするのは「管理」、プライバシーに関する地域の法規制を遵守するのは「厳格な法的保護」です。よって、1はC、2はA、3はDが正解です。Bの「透明性」は、顧客のデータの収集と使用について透明性を確保することです。

[答] 1 = C、2 = A、3 = D

Q15 (第5章)

ISO（国際標準化機構）による国際規格やGDPR（EU一般データ保護規則）、PCI DSS（クレジットカード情報セキュリティの国際統一基準）などへの準拠を示す証明書や、評価レポートなどの各種ドキュメントへアクセスするには、「Service Trust Portal」を使用します。よって、Bが正解です。

[答] B

Q16 (第3章)

個人所有のデバイスが利用できるのは「Microsoft Entra 登録済みデバイス（Azure AD registered devices）」、オンプレミスの AD と Microsoft Entra ID の両方に参加するのは「Microsoft Entra ハイブリッド参加済みデバイス（Hybrid Azure AD joined devices）」、Microsoft Entra ID のアカウントでサインインするのは「Microsoft Entra 参加済みデバイス（Azure AD joined devices）」のデバイス ID です。よって、1はB、2はC、3はAが正解です。Dの「Microsoft Entra ハイブリッド登録済み」

というデバイス ID はありません。

[答] 1 = B、2 = C、3 = A

Q17　(第 3 章)

Windows Hello for Business で使用できる認証要素は、デバイスに関連付けられた生体認証および PIN です。よって、A と B が正解です。

[答] A、B

Q18　(第 3 章)

B と D が正解です。条件付きアクセスのポリシーは、アクセス権を付与する「前」に適用されます。また、条件付きアクセスでは、ユーザーがアクセスする場所を、条件に設定することができます。

[答] B、D

Q19　(第 3 章)

A と D が正解です。Microsoft Entra Identity Protection は、ユーザーリスクを 3 段階のレベルで判定します。また、DDoS 攻撃の検出は「Azure DDoS Protection」の機能です。

[答] A、D

Q20　(第 2 章)

B と D が正解です。アクセストークンを用いるのは、基本認証ではなく「先進認証」です。また、フェデレーションによる信頼関係を確立することで、複数の ID プロバイダー間で連携してシングルサインオンできます。

[答] B、D

Q21 （第2章）

CとDが正解です。ハッシュは暗号化方式ではありません。また、鍵の受け渡しに十分注意する必要があるのは、共通鍵暗号方式の共通鍵です。

[答] C、D

Q22 （第4章）

Azure Blob Storage のデータを暗号化するのは「Azure Storage Service Encryption」、アプリケーションの暗号鍵を管理するのは「Azure Key Vault」、Azure SQL Database（データベース）のデータを暗号化するのは「透過的なデータ暗号化（TDE）」です。よって、1はD、2はA、3はCが正解です。Bの「Azure Disk Encryption」は、Windows の標準機能である BitLocker と、Linux に備わっている dm-crypt を使用して、仮想マシンの OS が管理するディスクドライブを暗号化します。

[答] 1 = D、2 = A、3 = C

Q23 （第4章）

CとDが正解です。SaaS のクラウドサービスやオンプレミス環境は、Azure Firewall を使って保護できるリソースではありません。

[答] C、D

Q24 （第4章）

オンプレミスの Active Directory のデータを使用してユーザーの ID を保護するのは、「Microsoft Defender for Identity」です。よって、D が正解です。

[答] D

Q25　(第 5 章)

　Microsoft Purview のインサイダーリスク管理の原則に関する問題です。「ユーザーの調査を行うための分析情報を提供する」は「アクション可能」、「構成可能なポリシーは業界、地域、産業分野に基づく」は「構成可能」、「ユーザーのプライバシーと組織のリスクのバランスを取る」は「透明性」です。よって、1 は B、2 は D、3 は A が正解です。C の「統合」は、ワークフローにより、Microsoft Purview コンプライアンスソリューション全体を統合することです。

[答] 1 = B、2 = D、3 = A

Q26　(第 5 章)

　Microsoft Purview のインサイダーリスク管理のワークフローにて、ダッシュボード内に作成されたケースを用いるのは「調査」です。詳細なレビューなどが必要なアラートがケース化 (事例化) されるので、それを用いて調査します。よって、D が正解です。

[答] D

Q27　(第 5 章)

　正解は [答] 欄の表のとおりです。Azure Policy は、リソースの設定内容を制限しますが、リソースへの操作は制限しません。リソースへの操作を制限するのは「Azure RBAC によるロールの付与」です。

[答]

説明	はい	いいえ
Azure Blueprints を用いることで、テンプレート化したリソースを割り当てることができる	●	○
Azure Policy は、リソースへの操作を制限することができる	○	●
Microsoft Purview ガバナンスポータルのデータマップを使用することで、オンプレミス環境のデータを取り込むことができる	●	○
Microsoft Purview ガバナンスポータルのデータカタログを使用することで、関連するデータの所在を検索できる	●	○

Q28　(第3章)

条件付きアクセスの設定で、Microsoft Entra ID に登録されたデバイスからのサインイン時に多要素認証（MFA）を求めることができます。よって、Dが正解です。

[答] D

Q29　(第3章)

正解は［答］欄の表のとおりです。エンタイトルメント管理を使用するには、Microsoft Entra ID P2 のライセンスが必要です。利用規約は、ユーザーがデータやアプリケーションにアクセスする前に、法律またはコンプライアンス要件に関する免責事項などを当該ユーザーに提示する機能です。IDやアクセスのライフサイクルを効率的に管理するには、「エンタイトルメント管理」を用います。

ユーザーリスクとは、特定のIDまたはアカウントが侵害されている可能性を指します。IDの所有者からのアクセスではない認証要求の可能性を示すのは、「サインインリスク」です。

[答]

説明	はい	いいえ
エンタイトルメント管理は、Microsoft 365 サービスのサブスクリプションで利用できる	○	●
アクセスレビューを用いて、ユーザーの特権が継続的に必要かどうかを確認することができる	●	○
利用規約を用いることで、IDやアクセスのライフサイクルを効率的に管理できる	○	●
ユーザーリスクとは、IDの所有者からのアクセスではない認証要求の可能性を示す	○	●

Q30　(第3章)

Microsoft Entra ID のフェデレーション認証は、「AD FS フェデレーションサーバー」を経由して認証します。よって、Aが正解です。なお、Cの「認証エージェント」は、「パススルー認証」で用いられます。

[答] A

Q31　(第 2 章)

　B と D が正解です。PaaS の OS のアップデートはプロバイダーの責任です。また、IaaS のネットワーク制御はユーザーの責任です。

［答］B、D

Q32　(第 3 章)

　「Privileged Identity Management」を使用することで、一時的に必要な特権アクセスをユーザーに付与することができます。よって、D が正解です。

［答］D

Q33　(第 3 章)

　A と D が正解です。セキュリティ管理者は、「サービス間のロール」として複数のサービスで共通して使用するロールであり、各種サービスごとの付与は不要です。また、組織固有のルールをロールとして「カスタムロール」を定義することができます。なお、D は「最小特権の原則」について問われています。ユーザーの管理をする必要があれば、ユーザー管理者のロールを付与すべきです。

［答］A、D

Q34　(第 4 章)

　正解は［答］欄の表のとおりです。Microsoft Defender for Cloud は、オンプレミスのワークロードを保護の対象にできます。また、不審なユーザーからのアクセスを防いだり、ID のリスクを検出したりするのは、Microsoft Defender for Identity（Microsoft Defender XDR サービス）です。

[答]

説明	はい	いいえ
オンプレミスのワークロードは保護の対象にできない	○	●
不審なユーザーからのアクセスを防ぐことができる	○	●
ID のリスクを検出することができる	○	●
App Service で実行されるアプリケーションをターゲットにした脅威を識別できる	●	○

Q35　(第4章)

　Microsoft Defender for Cloud は、クラウドセキュリティの状態管理 (CSPM) のために、クラウドリソースについて「継続的」なセキュリティ評価を行います。よって、C が正解です。

[答] C

6

Q36　(第4章)

　正解は [答] 欄の表のとおりです。NAT 機能を使用できるのは「Azure Firewall」です。また、Azure Bastion を用いて接続できるのは「仮想マシン」です。仮想ネットワークのサブネットには、1 つのネットワークセキュリティグループ (NSG) のみ割り当てることができます。

[答]

説明	はい	いいえ
ネットワークセキュリティグループ (NSG) では、NAT 機能により IP アドレスを変換できる	○	●
Azure Bastion を使用することで、リモートから安全に仮想ネットワークに接続できる	○	●
仮想ネットワークのサブネットワークには、複数のネットワークセキュリティグループを関連付けできる	○	●
Microsoft Defender for Cloud を用いることで、Just-In-Time VM アクセスのために NSG の設定を変更できる	●	○

Q37　(第 4 章)

　ＣとＤが正解です。セキュリティスコアは、クラウドセキュリティの状態の測定値であり、改善のための推奨事項を示します。これは、セキュリティの脅威に晒される確率を示すものではありません。スコアが高いほどリスクレベルが低い（安全な）ことが確認できます。

[答] C、D

Q38　(第 2 章)

　暗号化されたデータの受信者は、「送信者の公開鍵」を使ってデータを適切に復号できれば、秘密鍵を持つ正規の送信者から送られたものであることを検証できます。よって、Ａが正解です。

[答] A

Q39　(第 2 章)

　正解は [答] 欄の表のとおりです。「特権アクセスの最小化」とは、本来の目的に必要な最低限のアクセス権限のみを与えることであり、ユーザーに特権をまったく与えないわけではありません。

[答]

説明	はい	いいえ
基本原則として「誰も信用しない、すべてを確認する」がある	●	○
「明示的に確認する」とは、ユーザー、デバイス、サービスなどを常に認証し、承認を行うことである	●	○
「特権アクセスの最小化」とは、ユーザーに特権を与えないことである	○	●
「侵害を想定する」の対応例として、ネットワークのセグメント化やデータの暗号化などにより侵害の影響を抑えることが挙げられる	●	○

Q40 (第4章)

　AとBが正解です。Microsoft Defender for Cloud によるクラウドセキュリティの状態管理（CSPM）は、Azure はもちろんのこと、オンプレミスや他のクラウドプラットフォームを含めた複数のクラウド環境を一元的に保護することができます。「Microsoft Defender for Cloud Apps」は、Microsoft Defender XDR サービスの1つです。

[答] A、B

Q41 (第4章)

　Microsoft Defender XDR ポータルから最新の脅威を確認するためには、「脅威の分析」の機能にアクセスします。脅威分析ダッシュボードで、最も重要性の高い脅威情報（最新の脅威、影響の大きい脅威など）を確認できます。よって、Cが正解です。

[答] C

Q42 (第5章)

　Microsoft Purview コンプライアンスマネージャーには、Microsoft Purview ガバナンスポータルではなく、Microsoft Purview コンプライアンスポータルからアクセスします。よって、Dが正解です。

[答] D

Q43 (第5章)

　AとDが正解です。従業員による不正アクセスを防ぐことができるのは、情報バリアです。これは内部情報の保護を目的に、利益相反などが生じるユーザー間やグループ間のコミュニケーションを制限する機能です。Microsoft Teams での内部不正に関するメッセージを検出するのは、通信コンプライアンスです。通信コンプライアンスは、電子メールや Microsoft Teams、Yammer などの不適切なメッセージの検出、調査、および対処を行います。

[答] A、D

6

索引

執筆者プロフィール

阿部 直樹（あべ なおき）

マイクロソフト認定トレーナー（MCT）

Microsoft が提供する Azure トレーニングのトレーナーとして従事。IT Pro の SE、セキュリティコンサルタント、トレーナーとしての経験を持つ。セキュリティ分野では Entra ID を中心としたセキュリティ要素技術から、マイクロソフトセキュリティソリューション（Microsoft Defender for Cloud や Microsoft Defender XDR、Microsoft Sentinel）など多岐にわたるセキュリティに関するトレーニングを担当している。

主な著書に「最短突破 Microsoft Azure セキュリティ テクノロジ［AZ-500］合格教本」（共著、2022 年、技術評論社）、「ひと目でわかる Microsoft Defender for Endpoint」（共著、2023 年、日経 BP）などがある。

福田 敏博（ふくだ としひろ）

JT（日本たばこ産業株式会社）に入社し、たばこ工場の制御システム開発に携わった後、ジェイティエンジニアリング株式会社へ出向。幅広い業種・業態での産業制御システム構築を手がけ、2014 年からは OT のセキュリティコンサルティングで第一人者として活動する。2021 年 4 月、株式会社ビジネスアジリティ 代表取締役として独立。技術士（経営工学）、中小企業診断士、情報処理安全確保支援士、公認システム監査人など、計 40 種の資格を所有。主な著書に「現場で役立つ OT の仕組みとセキュリティ（2021 年、翔泳社）」、「図解入門よくわかる最新サイバーセキュリティ対策の基本（2023 年、秀和システム）」などがある。

監修者プロフィール

鈴木 友宏（すずき ともひろ）

NTT データ先端技術株式会社 デジタルソリューション事業部 AI コンサルティング担当課長。2019 年に NTT データ先端技術に入社。Azure の技術サポート、Microsoft 365 を活用したアプリケーション構築、Azure OpenAI/GitHub Copilot を活用した開発プロセス改革に従事。2017 年より 7 年連続 Microsoft Most Valuable Professional（Microsoft MVP）を受賞継続中。

合格対策　Microsoft認定
ゴウカクタイサク　マイクロソフト ニンテイ

エスシー　マイクロソフト セキュリティ コンプライアンス
SC-900:Microsoft Security, Compliance,
アンド アイデンティティ ファンダメンタルズ　　アンドモンダイシュウ
and Identity Fundamentals テキスト&問題集　©阿部直樹、福田敏博 2024

2024年7月5日　第1版第1刷発行	著　　　者	阿部 直樹、福田 敏博
	監　　　修	鈴木 友宏
	発 行 人	新関 卓哉
	企 画 担 当	蒲生 達佳
	発 行 所	株式会社リックテレコム
		〒113-0034
		東京都文京区湯島3-7-7
		振替　　00160-0-133646
		電話　　03(3834)8380(代表)
		URL　　https://www.ric.co.jp/
	装　　　丁	長久 雅行
	編集・組版	株式会社トップスタジオ
	印刷・製本	シナノ印刷株式会社

本書の無断複写、複製、転載、ファイル化等は、著作権法で定める例外を除き禁じられています。

● 訂正等

本書の記載内容には万全を期しておりますが、万一誤りや情報内容の変更が生じた場合には、当社ホームページの正誤表サイトに掲載しますので、下記よりご確認ください。

＊正誤表サイトURL

https://www.ric.co.jp/book/errata-list/1

● 本書の内容に関するお問い合わせ

FAXまたは下記のWebサイトにて受け付けます。回答に万全を期すため、電話でのご質問にはお答えできませんのでご了承ください。

・FAX：03-3834-8043

・読者お問い合わせサイト：
https://www.ric.co.jp/book/のページから「書籍内容についてのお問い合わせ」をクリックしてください。

ISBN 978-4-86594-411-2